高等职业教育新形态活页式教材

化学分析技术

王　新　主编
王丽丽　副主编

———○双色版○———

化学工业出版社
·北京·

内容简介

本书为新形态活页式教材,基于企业或行业的典型工作任务,以学习成果为导向,按照"互联网+化学分析教育"的新理念,采用"行动导向,先会后懂",将理论、实践一体化进行编写。以学生的职业能力形成为主线,设计了六个项目,分别是:分析检验前的准备、酸碱滴定分析技术、配位滴定分析技术、氧化还原滴定分析技术、沉淀滴定分析技术、重量分析技术。

与本书配套的教学资源包括微课、动画、视频、在线测试题等,可通过扫描二维码在线学习,为学生提供了更多的自主学习空间,满足学生线下线上混合式教学需求,实现高效课堂教学。

本书图文并茂,实例丰富,内容浅显易懂,强调化学分析技能,具有实用性和可操作性,可作为高职高专分析检验技术专业、环境检测等相关专业的教材,也可供从事分析、化验、商检等工作的技术人员参考。

图书在版编目(CIP)数据

化学分析技术/王新主编;王丽丽副主编. —北京:化学工业出版社,2023.8
ISBN 978-7-122-43407-4

I. ①化… II. ①王… ②王… III. ①化学分析 IV. ①O652

中国国家版本馆CIP数据核字(2023)第091508号

责任编辑:蔡洪伟   文字编辑:崔婷婷
责任校对:宋 玮   装帧设计:史利平

出版发行:化学工业出版社
　　　　(北京市东城区青年湖南街13号　邮政编码100011)
印　　装:中煤(北京)印务有限公司
787mm×1092mm　1/16　印张18¾　字数415千字
2023年9月北京第1版第1次印刷

购书咨询:010-64518888　　售后服务:010-64518899
网　　址:http://www.cip.com.cn

凡购买本书,如有缺损质量问题,本社销售中心负责调换。

定　价:58.00元　　　　　　版权所有　违者必究

编写人员名单

主　编：王　新

副 主 编：王丽丽

编写人员（按姓氏汉语拼音排序）：

付　丹（辽宁石化职业技术学院）

姜玉花（辽宁石化职业技术学院）

司　颐（辽宁石化职业技术学院）

王丽丽（中国石油锦州石化公司）

王　新（辽宁石化职业技术学院）

主　审：刘永生

前言

本书是以实践为基础开发的教材，是高职高专类分析检验技术及相关专业的一门重要专业基础课程。本书在党的二十大精神指引下，落实立德树人根本任务，以培养学生职业能力和创新能力为目标，对接新的行业标准、职业标准和岗位规范，采用新型活页式设计并配套开发了信息化资源，本书具有以下特点。

1. 理实一体化

以企业目前使用及国家标准推广的新分析方法为依据，把企业的实际工作任务作为目标任务载体，融理论和实践于一体，将理论知识渗透到实验之中，使学生在完成工作任务的同时，将理论知识消化，避免了理论知识与技能操作脱节的现象。实现"做中学""学中做"的教学做一体化理念，对于激发学生的职业兴趣、提高学生的职业技能起到促进作用。

2. 编写体例新颖

开篇项目导入，下设若干个目标任务。每个任务依据工作过程系统化，设置任务描述、学习目标、任务书、获取资讯、工作计划、工作实施、成果展示（数据报告单）、评价反馈、知识链接等。引导问题建立了任务完成与知识学习之间的内在联系，并将完成工作任务的整个过程分解为一系列可以让学生独立学习和工作的相对完整的教学活动，通过完成工作任务学习理论知识。

3. 评价体系多元化

围绕课程培养目标，每个任务完成后都进行评价反馈，将课程思政元素、岗位工作规范和技术要求标准引入教学评价，融合专业能力、学习能力、社会能力的要求，进行规划设计，形成规范的、系统化的技能评价体系，逐步实现课程培养目标。

4. 教学资源丰富

与本书配套的教学资源包括微课、动画、视频、在线测试题等，可通过扫描二维码在线学习，给学生提供更多自主学习空间，满足学生线下线上混合式教学需求，实现高效课堂教学。

5. 倡导团队合作的学习组织形式

本课程倡导行动导向的教学，通过问题的引导，促进学生主动思考和学习。将学生划分为若干个工作小组，在小组划分时应考虑学生个体差异。教师根据实际工作任务设计教学情境，教师的角色是策划、分析、辅导、评估和激励。学生的角色是主体性学习，应主动思考、决策方案、实际动手操作。学生小组长要引导小组成员制定详细规划，并进行合理有效的分工，按时、保质、保量地完成任务。

全书编写分工如下：项目一、项目二、项目三由王新编写，项目四任务一~四由王丽丽编写，任务五~八由姜玉花编写，项目五由司颐编写，项目六由付丹编写。附录一~六由姜玉花编写，附录七~十由付丹编写。

由于编者水平有限，难免存在疏漏和不妥之处，敬请广大读者批评指正。

编者
2023 年 2 月

目录

课程导论 —————————————————————————————— 001

项目一　分析检验前的准备 ————————————————— 004

　　任务一　认领、洗涤和干燥常用分析仪器　/004
　　任务二　练习使用电子分析天平　/013
　　任务三　配制一般溶液　/021
　　任务四　分析数据的处理　/027
　　任务五　滴定分析基本操作　/033
　　任务六　练习酸碱滴定终点控制　/043
　　任务七　校准滴定分析仪器　/052
　　任务八　直接法配制标准溶液　/061

项目二　酸碱滴定分析技术 ————————————————— 069

　　任务一　NaOH标准滴定溶液的制备　/069
　　任务二　肥料中铵态氮含量的测定　/081
　　任务三　食醋中总酸度的测定　/093
　　任务四　HCl标准滴定溶液的制备　/102
　　任务五　混合碱的分析　/109

项目三　配位滴定分析技术 ————————————————— 119

　　任务一　EDTA标准滴定溶液的制备　/119
　　任务二　自来水硬度的测定　/132
　　任务三　铅铋混合液的连续测定　/145
　　任务四　食品添加剂硫酸铝钾含量的测定　/155
　　任务五　化学试剂六水合硫酸镍含量的测定　/161

项目四　氧化还原滴定分析技术 ——————————————— 166

　　任务一　$KMnO_4$标准滴定溶液的制备　/166
　　任务二　工业过氧化氢含量的测定　/175

任务三　$K_2Cr_2O_7$ 标准滴定溶液的制备　/184

　　任务四　化学需氧量 COD 的测定　/187

　　任务五　硫代硫酸钠标准滴定溶液的制备　/192

　　任务六　硫酸铜含量的测定　/201

　　任务七　I_2 标准滴定溶液的制备　/210

　　任务八　维生素 C 含量的测定　/214

项目五　沉淀滴定分析技术　　219

　　任务一　自来水中氯含量的测定　/219

　　任务二　酱油中 NaCl 含量的测定　/228

　　任务三　氯化钠注射液中 NaCl 含量的测定　/238

项目六　重量分析技术　　246

　　任务一　氯化钡中钡含量的测定　/247

　　任务二　饲料中钙含量的测定　/258

附录　　269

参考文献　　289

二维码资源目录

序号	名称	资源类型	页码
1	课程简介	微课	001
2	分析化学的分类	微课	001
3	认领、洗涤分析仪器	视频	004
4	实验室安全守则	微课	008
5	电子天平的构造及使用	视频	013
6	电子天平的称量方法	视频	013
7	干燥器的使用	动画	013
8	有效数字及运算规则	微课	016
9	溶液的配制	视频	023
10	可疑值的取舍	微课	027
11	定量分析中的误差	微课	031
12	移液管的使用	视频	035
13	滴定管的使用	视频	036
14	酸式滴定管涂油	视频	037
15	容量瓶的使用	视频	039
16	碱滴定酸终点练习	动画	043
17	酸滴定碱终点练习	动画	044
18	滴定分析法概述	微课	049
19	返滴定	动画	050
20	滴定管的校准	视频	052
21	移液管的校准	视频	053
22	提高分析结果准确度的方法	微课	057
23	直接法制备标准溶液	视频	061
24	标准滴定溶液的制备	微课	063
25	NaOH 标准滴定溶液的制备	视频	069
26	酸碱质子理论	微课	077
27	酸碱指示剂	微课	078
28	硫酸铵肥料中铵态氮含量的测定	视频	081
29	酸碱滴定基本原理	微课	089
30	食醋中总酸度的测定	视频	093
31	盐酸标准滴定溶液的制备	视频	102
32	混合碱的分析	视频	109
33	非水溶液酸碱滴定法	微课	116
34	EDTA 标准滴定溶液的制备	视频	119
35	EDTA 及其配合物性质	微课	129

续表

序号	名称	资源类型	页码
36	自来水硬度的测定	视频	132
37	金属指示剂作用原理	动画	141
38	金属指示剂	微课	141
39	单一金属离子准确滴定的条件	微课	143
40	铅铋混合液的连续测定	视频	145
41	混合离子的选择性滴定	微课	153
42	食品添加剂硫酸铝钾含量的测定	视频	155
43	$KMnO_4$ 标准滴定溶液的制备	视频	156
44	工业过氧化氢含量的测定	视频	175
45	高锰酸钾法	微课	183
46	化学需氧量的测定	视频	187
47	硫酸亚铁铵溶液的标定	视频	188
48	重铬酸钾法	微课	192
49	硫代硫酸钠标准滴定溶液的制备	视频	193
50	硫酸铜含量的测定	视频	201
51	碘量法	微课	209
52	碘标准滴定溶液的制备	视频	211
53	维生素 C 含量的测定	视频	214
54	自来水中氯含量的测定	视频	219
55	莫尔法	微课	227
56	莫尔法指示剂变色原理	动画	227
57	酱油中氯化钠含量的测定	视频	228
58	硝酸银标准溶液和硫氰酸钾标准溶液的制备	视频	229
59	佛尔哈德法	微课	237
60	沉淀转化	动画	237
61	氯化钠注射液中氯化钠含量的测定	视频	238
62	法扬司法	微课	243
63	重量分析法概述	微课	246
64	氯化钡中结晶水含量的测定	视频	246
65	重量分析法基本操作	视频	246
66	氯化钡中钡含量的测定	视频	247
67	滤纸的折叠及沉淀过滤	动画	248
68	沉淀条件的选择	微课	256
69	影响沉淀溶解度的因素	微课	261
70	影响沉淀纯度的因素	微课	263

课程导论

一、分析化学的任务和作用

分析化学是人们获取物质的化学组成与结构信息的科学,即表征和测量的科学,它包括化学分析、仪器分析两部分。分析化学的任务是对物质进行组成分析和结构鉴定,研究获取物质化学信息的理论和方法,本书是与"化学分析"课程配套的教材。

分析化学在工农业生产及国防建设中有着更重要的作用。分析化学在工农业生产中的重要性,主要表现在原材料的选择、加工,半成品、产品质量的检查,工艺流程的控制,新产品的研制,新工艺及技术的革新,进出口商品的检验等方面,均需分析化学提供的信息为依据,所以分析化学被称为工农业生产的"眼睛",科学研究的"参谋"。

课程简介

二、分析方法的分类

根据分析的任务、对象、测定原理、试样用量、被测组分含量和具体要求等方面的不同,分析化学的分类有很多方法。

(一)化学分析和仪器分析

分类	化学分析	仪器分析
分析原理和使用仪器不同	以物质的化学反应为基础的分析方法。化学分析法历史悠久,是分析化学的基础,又称为经典分析法。 根据其反应类型、操作方法的不同分为滴定分析法、重量分析法	以物质的物理或化学性质为基础,使用特殊的仪器进行分析测定的方法。 根据使用仪器不同可将其分为光学分析法、电化学分析法、色谱分析法等
	二者关系	
	化学分析和仪器分析是分析化学的重要组成部分。化学分析和仪器分析是分析化学两大支柱,两者唇齿相依,相辅相成,彼此相得益彰。因此,使用时可根据情况相互配合	

分析化学的分类

(二)定性分析、定量分析和结构分析

分类	定性分析	定量分析	结构分析
任务	鉴定物质由哪些元素、原子团或化合物所组成,确定物质的化学成分。也就是分析物质"含什么"的问题	测定物质中各有关组分的相对含量。也就是分析物质中各成分"含多少"的问题	研究物质的分子结构或晶体结构,通过其微观结构进一步研究物质的物理、化学等方面的性质

课程导论 | 001

(三)无机分析和有机分析

分类	无机分析	有机分析
分析对象	分析无机物,主要鉴定物质的组成和各组分的相对含量	分析有机物,有机物分析不仅要进行定性、定量分析,更主要的是要进行官能团和分子结构分析

(四)常量分析、半微量分析、微量分析和超微量分析

分类	常量分析	半微量分析	微量分析	超微量分析
试样用量 /g	> 0.1	> 0.01~0.1	0.0001~0.01	< 0.0001
试液体积 /mL	> 10	> 1~10	0.01~1	< 0.01

(五)常量组分、微量组分和痕量组分分析

分类	常量组分分析	微量组分分析	痕量组分分析
被测组分在试样中相对含量 /%	> 1	0.01~1	< 0.01

一般情况下,常量组分分析取样量较多,大都采用化学分析法;而微量组分和痕量组分分析,则采用仪器分析的方法。

(六)常规分析、快速分析和仲裁分析

分类	常规分析	快速分析	仲裁分析
工作性质	指厂矿企业实验室配合生产所进行的日常分析,也称之为例行分析	要求在很短的时间内给出分析结果	对分析结果有较大差异、产生争议时,则要求具有一定权威的部门进行分析鉴定。称为仲裁分析或裁判分析

三、定量分析一般程序

定量分析的一般过程大体分为四个步骤:

取样 → 样品处理 → 对指定成分进行定量测定 → 计算和报告分析结果

实际上,分析是一个复杂的过程,试样的多样性也使分析过程不可能一成不变,因此,对某一试样的具体定量分析过程还要视具体情况而定。

四、分析工作者职业素质要求

分析工作技术本身并没有具体的产品,也不能创造直接效益。如果说它有产品的话,那就是分析结果。没有这些数字和结果,生产和科研就是盲目的。如果报出的分析结果有错误,将会造成重大经济损失和严重生产后果,甚至使生产和科研走向歧途。可见分析工作者必须要具备良好的素质,才能胜任这一工作,满足生产和科研提出的各种要求。分析工作者需具备以下基本素质:认真负责,实

事求是，坚持原则，一丝不苟地依据标准进行检验和判定；努力学习，不断提高基础理论水平和操作技能，同时要有不断创新的开拓精神。

化学分析技术是一门实践性很强的课程，因此，学习过程中，必须注意理论与实践的结合，在注重理论课学习的同时，需加强基本操作技术的培养和锻炼。通过实验课的动手实践，提高操作技能，并加深对理论知识的理解和掌握，准确地树立"量"的概念。为后续课程的学习和将来的工作及科学研究奠定基础。

项目一

分析检验前的准备

作为一名分析检验人员，要完成一项检测任务，必须首先具备一些理论知识和操作技能。本教学项目以此为依据，以八个小的任务为引领，将分析检验工作前期应具备的理论和技能穿插在一起，以任务带动理论知识的学习，在技能训练中强化理论知识。

引领任务

任务一	认领、洗涤和干燥常用分析仪器	任务五	滴定分析基本操作
任务二	练习使用电子分析天平	任务六	练习酸碱滴定终点控制
任务三	配制一般溶液	任务七	校准滴定分析仪器
任务四	分析数据的处理	任务八	直接法配制标准溶液

任务一

认领、洗涤和干燥常用分析仪器

视频扫一扫

认领、洗涤分析仪器

任务描述

进入化学分析实验室，先来认识常用的分析仪器。实验室常用的有玻璃仪器、金属和非金属器皿等。本次任务让学生认识分析工作中的这些主要用具，洗涤并按要求干燥部分仪器，观看实验室事故录像，讨论实验室应遵循哪些守则及存在的安全隐患，以提高安全意识。

学习目标

素质目标：具备实验室安全意识、"质量第一"的责任意识、良好的实验习惯、团队合作意识、良好的沟通能力。

知识目标：掌握实验室安全知识，并能依据不同的紧急情况进行应急处理。

能力目标：能认识常用的实验用具；能遵守实验室安全守则；能识别实验室安全隐患。

任务书

1. 任务准备

(1) 容器类　试管、烧杯、洗瓶、锥形瓶、试剂瓶、称量瓶、比色管等。
(2) 量器类　量筒、移液管、吸量管、容量瓶、滴定管等。
(3) 其他类　打孔器、坩埚钳、干燥器、漏斗、洗耳球、点滴板、蒸发皿、研钵等。

2. 操作步骤

(1) 介绍实验室安全知识
(2) 认领、核对实验仪器
了解各种仪器的名称和规格；将仪器分类摆放整理于实验柜中。
(3) 洗涤仪器

洗涤剂：水、去污粉、洗衣粉、洗洁精和铬酸洗液（1/5 容量）等，根据污物的性质和污染程度来选择适宜的洗涤剂。

毛刷：试管刷、烧杯刷、移液管刷等。

洗涤步骤：倒出废液→洗涤剂洗→蒸馏水洗。

洗涤原则：少量多次，尽量沥干。

洗净标准：应该以仪器内壁均匀地被水润湿后倒置时不挂水珠为准。

(4) 干燥仪器

用气流烘干机烘干 1 个锥形瓶。

用电吹风吹干 1 个烧杯。

用烘箱将烧杯、称量瓶烘干。

相关知识

一、玻璃仪器的洗涤

玻璃仪器是否洗净，对实验结果的准确性和精密度有直接影响。因此，要掌握洗涤的步骤、洗净标准、洗涤剂种类、合理配制及选用洗涤剂的相关知识。实验室常用去污粉、洗衣粉、水、洗液、有机溶剂等洗涤玻璃仪器。常用洗液的配制见表1–1。

表1–1　常用洗液的配制

序号	名称	配制方法	应用
1	合成洗涤液	将洗衣粉等合成洗涤剂配成热溶液	用于一般洗涤
2	铬酸洗液	20g $K_2Cr_2O_7$（工业纯）溶于 40mL 热水中，冷却后在搅拌下缓慢加入 360mL 浓的工业硫酸。冷却后移入试剂瓶中	用于洗涤有机物沾污，使用时防止被水稀释。用后倒回原瓶，可反复使用，直至变为绿色。可用 $KMnO_4$ 再生
3	纯酸洗液	1+1 盐酸、1+1 硫酸、1+1 硝酸或等体积浓硝酸、浓硫酸均可配制	用于清洗碱性物质等的沾污
4	碱性乙醇溶液	2.5g KOH 溶于少量水中，再用乙醇稀释至 100mL 或 120g NaOH 溶液于 150mL 水中用 95% 乙醇稀释至 1L	用于去油污及某些其他有机物沾污

续表

序号	名称	配制方法	应用
5	$KMnO_4$ 碱性洗液	4g $KMnO_4$ 溶于 80mL 水,加入 40%NaOH 溶液至 100mL	可清洗有机物沾污,析出的 MnO_2 可用草酸、浓盐酸、盐酸羟胺等还原剂除去
6	I_2-KI 洗液	1g 碘和 2g KI 溶于水中,稀释至 100mL	用于洗涤 $AgNO_3$ 沾污的器皿和白瓷水槽

二、玻璃仪器的干燥

一般定量分析中仪器洗净后即可使用,但有些分析实验中需要干燥玻璃仪器。仪器的干燥就是把沾附在仪器表面的水分除去。仪器干燥的方法很多,见表1-2。但要根据具体情况选用具体的方法。

表 1-2 玻璃仪器常用的干燥方法

干燥方式	操作要领	注意及操作演示
晾干	对不急需使用的、要求一般干燥的仪器,洗净后倒置,控去水分,自然晾干	
烘干	要求无水的仪器在电热恒温干燥箱中于 100~200℃烘 1h 左右	① 将洗净的仪器倒去积水,将仪器口朝上放置在电热恒温干燥箱的隔板上,关好箱门。 ② 取出烘干的仪器,一般应在干燥器中保存。 ③ 干燥厚壁仪器,要缓慢升温,以免炸裂。 ④ 量器类仪器不可在烘箱中烘干
烤干	对急需用的试管,管口向下倾斜,用火焰从管底处依次向管口烘烤	只适于试管,如图 1-1 所示 图 1-1 试管烤干
吹干	控净水后,先用有机溶剂少量丙酮或乙醇使内壁均匀湿润一遍倒出,再用少量乙醚使内壁均匀湿润一遍后晾干或吹干。然后用吹风机或气流烘干机按热、冷风顺序吹干。吹干的设备及操作如图 1-2 所示	丙酮、乙醇、乙醚回收要在通风橱中进行,防止中毒 图 1-2 吹干设备

获取资讯

问题 1 玻璃仪器洗干净的标志是什么?洗涤后的玻璃仪器能否用干布或软纸擦干?

问题 2 什么是"少量多次"的洗涤原则?

问题 3 仪器的干燥方式有哪几种?

工作计划

表：工作方案　　　　　　　　组别：

步骤	工作内容	负责人（任务分工）
1		
2		
3		
4		

进行决策

（1）将学生分组，每组 6 人左右，安排组长，负责本组学生的仪器认领；
（2）认识仪器，完成布置的任务。

工作实施

（1）领用并检查仪器是否破损；
（2）洗涤仪器；
（3）干燥仪器。

小提示：实验室"6S"管理

5S 是指整理（seiri）、整顿（seiton）、清扫（seiso）、清洁（seiketsu）、素养（shitsuke），因其日语的罗马拼音均以"S"开头，因此简称为"5S"，这里我们又添加了另一个 S——安全（safety），故统称 6S。

1S——整理
定义：区分要与不要的东西，对不要的东西进行处理。
目的：腾出空间，提高生产效率。

2S——整顿
定义：要的东西依规定定位、定量摆放整齐，明确标识。
目的：使工作场所一目了然。

3S——清扫
定义：清除工作场所内的脏污，发现设备异常马上修理，并防止污染的产生。
目的：清除垃圾，美化环境。

4S——清洁
定义：将上面 3S 的实施制度化、规范化，并维持效果。
目的：通过制度化来维持成果。

5S——素养（又称修养、心灵美）
定义：人人依规定行事，养成好习惯。
目的：提升人的品质，对任何工作都持认真态度。

6S——安全
定义：保证工作现场安全及产品质量安全。
目的：规范操作，杜绝安全事故，确保产品质量。

小提示:"三废"的处理

实验分析过程中产生的废气、废液、废渣大多数是有毒物质,有些甚至是剧毒物质或致癌物质,必须经过处理,达到"三废"排放标准才能排放。作为实验室分析人员,需要了解实验室简单无害化处理"三废"的方法。下面介绍几种常见的"三废"处理方法,见表1-3。

表1-3 常见的"三废"处理方法

有毒气体	少量有毒气体可以通过排风设备排出室外,被大气稀释。毒气量大时经过吸收处理后排出
含氰化物废液	废液用 NaOH 调至 pH 为 10 以上,再加入 3% 的 $KMnO_4$ 使 CN^- 氧化分解; CN^- 含量高的废液由碱性氧化法处理,即在 pH>10 时加入次氯酸钠使 CN^- 氧化分解
含汞盐废液	先调至 pH 为 8~10,加入过量 Na_2S,使其生成 HgS 沉淀,再加入共沉淀剂 $FeSO_4$,生成的 FeS 将水中悬浮物 HgS 微粒吸附而共沉淀
含砷废液	向废液中加入 CaO,调节 pH 为 8,生成砷酸钙和亚砷酸钙沉淀。或调节 pH>10,加入 Na_2S 与砷反应,生成难溶、低毒的硫化物沉淀
含铅镉废液	用消石灰将 pH 调至 8~10,使 Pb^{2+}、Cd^{2+} 生成 $Pb(OH)_2$、$Cd(OH)_2$ 沉淀,加入 $FeSO_4$ 作为共沉淀剂,沉淀物以废渣处理

知识链接

视频扫一扫

实验室安全守则

知识点 1 实验室意外事故的应急处理

化学实验是在一个十分复杂的环境中进行的科学实验,为了保持工作环境的正常,避免造成人身伤害、财产损失、环境污染,实验者必须遵守实验室规则,并能够对意外事故采取必要的应急措施。

化学烧伤:由于操作者的皮肤触及腐蚀性化学试剂所致。

酸蚀:立即用大量水冲洗,然后用 2% 的 $NaHCO_3$ 溶液或稀 $NH_3·H_2O$ 冲洗,最后再用水冲洗。

碱蚀:先用大量水冲洗,再用约 0.3mol/L HAc 溶液洗,最后用水冲洗。如果碱液溅入眼中,则先用 2% 的硼酸溶液洗,再用水洗。

烫伤:可先用稀 $KMnO_4$ 或苦味酸溶液冲洗灼伤处。再在伤口处抹上黄色的苦味酸溶液、烫伤膏或万花油,切勿用水冲洗。

割伤:应先取出伤口内的异物,然后在伤口处涂上红药水或撒上消炎粉后用纱布包扎。

吸入刺激性、有毒气体:当不慎吸入 Cl_2、HCl、Br_2 蒸气时,可吸入少量乙醇和乙醚的混合蒸气使之溶解。立即到室外呼吸新鲜空气。

有毒物误入口内:将 5~10mL 稀硫酸铜溶液加入一杯温水中,内服后,用手指伸入咽喉部催吐,并立即送医院。

触电:不慎触电时,首先切断电源,必要时进行人工呼吸。

灭火:原则是移去或隔绝燃料的来源,隔绝空气(氧),降低温度。

① 防止火势蔓延,首先切断电源、关闭所有加热设备;而后快速移去附近可燃物,关闭通风装置、减少空气流通。

② 立即扑灭火焰,设法隔断空气,使温度下降到可燃物的着火点以下。

③ 火势较大时,用灭火器扑救或报警。

巩固提升

选择题

1. 化学烧伤中，酸的蚀伤，应先用大量的水冲洗，然后用（　　）冲洗，再用水冲洗。
   A. 0.3mol/L HAc 溶液　　　　　　B. 2%NaHCO$_3$ 溶液
   C. 0.3mol/L HCl 溶液　　　　　　D. 2%NaOH 溶液

2. 实验室常用的铬酸洗液是由（　　）配成的。
   A. K$_2$CrO$_4$ 和浓 H$_2$SO$_4$　　　　　B. K$_2$CrO$_4$ 和浓 HCl
   C. K$_2$CrO$_4$ 和稀 H$_2$SO$_4$　　　　　D. K$_2$Cr$_2$O$_7$ 和浓 H$_2$SO$_4$

3. 铬酸洗液呈（　　）颜色时表明已不能使用。
   A. 绿色　　　B. 暗红色　　　C. 无色　　　D. 蓝色

4. 如果碱溅入眼中，应先用（　　）洗，再用水洗。
   A. 水　　　　　　　　　　　　　B. 2% 的 NaHCO$_3$
   C. 0.3mol/L HAc　　　　　　　　D. 2% 的硼酸溶液

5. 处理失效后的铬酸洗液时，可将其浓缩冷却后加入（　　）氧化，然后再用砂芯漏斗过滤。
   A. MnO$_2$　　　B. KMnO$_4$　　　C. NaClO　　　D. K$_2$Cr$_2$O$_7$

笔记区

评价反馈

各组汇报、展示成果,有疑难问题交流讨论。

综合评价表

班级			姓名		
工作任务					
评价指标	评价要素	分值	评分		
			自评	互评	师评
考勤(10%)	无迟到、早退、旷课现象	10			
职业素养考核(30%)	穿实验服、规范整洁	5			
	安全意识、责任意识、环保意识、服从意识	5			
	团队合作、与人交流能力	5			
	劳动纪律,诚信、敬业、科学、严谨	5			
	提出问题、分析问题、解决问题能力	5			
	工作现场管理符合6S标准	5			
专业能力考核(60%)	积极参加教学活动,按时完成学生工作活页	10			
	认识仪器,洗涤仪器操作符合规范(每错1处,扣5分)	10			
	会使用烘箱、气流烘干机干燥仪器(每错1次,扣5分)	20			
	实验室意外事故的紧急处理方法正确(每错1处,扣3分)	20			
总分					
总评	自评(20%)+互评(30%)+师评(50%)	综合等级	教师:		

任务二
练习使用电子分析天平

📋 任务描述

准确称量物质的质量是获得准确分析结果的第一步。电子分析天平是定量分析中最主要、最常用的称量仪器之一,正确熟练地使用电子分析天平是做好分析工作的基本保证。因此,分析工作者必须了解电子分析天平的构造、使用步骤及称量方法。熟练使用差减称量法、固定质量称量法、直接称量法进行样品的称量。

🎯 学习目标

素质目标: 具备实验室安全意识、"质量第一"的责任意识、团队合作意识、环保意识;具备良好的实验习惯、严谨的思维方法、实事求是的工作作风。

知识目标: 了解天平的结构及各部分作用;掌握简单的天平维护和保养知识。

能力目标: 能规范熟练且准确地进行试样的称量;能规范准确记录称量数据。

🎓 相关知识

电子分析天平的使用方法

步骤:检查水平→开机预热→调零→称量→读数→复原。

电子分析天平有以下三种称量方法:直接称量法、差减称量法(又称减量法)、固定质量称量法(又称增量法),其适用条件见表1-4。

表1-4 三种称量法的适用条件

称量方法	适用条件
直接称量法	适用于称量洁净干燥的器皿、棒状或块状的金属等。 这种称量方法天平零点调定后,将被称物直接放在称量盘上,所得读数即被称物的质量。 注意:不得用手直接取放被称物,可采用戴细纱手套、垫纸条、用镊子或钳子等适宜的办法
减量法	适用于一般的颗粒状、粉状及液态样品。一般放在称量瓶中称量,而称量瓶通常放在干燥器中备用。 (1)干燥器的使用 干燥器是具有磨口盖子的密闭厚壁玻璃器皿,干燥器的使用见图1-3。 ①干燥器　②加入干燥剂　③开启干燥器　④干燥器的搬移 图1-3 干燥器的使用

视频扫一扫 — 电子天平的构造及使用

视频扫一扫 — 电子天平的称量方法

视频扫一扫 — 干燥器的使用

续表

称量方法	适用条件
减量法	（2）称量瓶的使用　称量瓶是用于称量固体物质质量的具盖小玻璃器具，方便称量，便于保存，防止被称量的固体物质吸收水分。称量瓶见图1-4，使用及敲样方法见图1-5。 图1-4　扁型和高型称量瓶　　　图1-5　称量瓶的使用及敲样方法
增量法	适用于称取固定质量的物质。此法只能用来称取不易吸湿，且不与空气作用、性质稳定的粉末状物质。 例如：配制 $c(1/6\ K_2Cr_2O_7)=0.05000\,mol/L$ 的 $K_2Cr_2O_7$ 标准溶液250mL，必须准确称取 $0.6129g\ K_2Cr_2O_7$ 基准试剂。操作见图1-6。 图1-6　称量法操作

任务书

1. 方法原理

电子分析天平是利用电子装置完成电磁力补偿的调节，使物体在重力场中实现力矩平衡，从而测定试样质量的仪器。

2. 任务准备

（1）仪器　电子分析天平、小烧杯、称量瓶、药匙、表面皿、瓷坩埚等。
（2）药品　滴瓶、磷酸、NaCl固体、$CaCO_3$固体。

3. 实训操作

（1）直接称量法练习　直接称量法的数据记录于表1-5中。

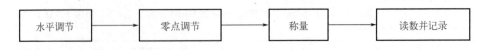

表1-5　直接称量法数据记录

物品	表面皿	小烧杯	称量瓶	瓷坩埚
质量/g				

注意事项：
① 用天平称量之前一定要检查仪器是否水平。
② 称量时天平门要关好，待稳定后再读数。
③ 称量时应将被称量物置于天平正中央。

（2）差减称量法练习　连续称取两份0.3～0.4g NaCl固体于小烧杯1号、2

号中。数据记录与处理参照表1-6。

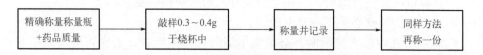

表1-6 差减称量法数据记录

记录项目	1	2
敲样前称量瓶+样品质量/g		
敲样后称量瓶+样品质量/g		
称量瓶中敲出的样品质量/g		

注意事项：
① 称量前要做好准备工作（调水平、检查各部件是否正常、清扫、调零点）。
② 纸条应在称量瓶的中部，不得太靠上。
③ 夹取称量瓶时，纸条不得碰称量瓶口。
④ 敲样过程中，称量瓶口不能碰接收容器，也不能远离接收容器。

（3）固定质量称量法练习 连续称取3份0.2000g $CaCO_3$固体于小烧杯中。数据记录与处理参照表1-7。

表1-7 固定质量称量法数据记录

记录项目	1	2	3	4
小烧杯质量/g				
样品质量/g				

注意事项：
① 小烧杯必须是干燥的。
② 称好的试样必须定量转入接收容量瓶中，决不能撒落在秤盘上和天平内。
③ 接近所需质量的样品时，拍动手腕或食指抖动药匙小心加入，直至所需质量。

（4）液体样品的称量练习 称量2.5g磷酸。数据记录与处理参照表1-8。

表1-8 液体样品称量记录格式示例

记录项目	1	2	3	4
滴瓶+磷酸样品质量/g				
取出磷酸后滴瓶+磷酸样品质量/g				
磷酸样品质量/g				

注意事项：

① 称量前要检查滴管的胶帽是否完好，否则应换胶帽。

② 滴瓶的外壁必须干净、干燥。

③ 从滴瓶中取出滴管时，必须将下端所挂溶液靠去，否则可能造成磷酸样品溶液洒落。

④ 不能将滴管倒置，否则会弄脏磷酸样品。

获取资讯

问题1 电子分析天平的称量方法有哪几种？

问题2 电子分析天平称量的一般步骤是什么？

问题3 固定质量称量法适用条件是什么？

问题4 差减称量法的适用条件是什么？步骤是什么？

工作计划

表：工作方案　　　　　　　　　组别：

步骤	工作内容	负责人（任务分工）
1		
2		
3		
4		

进行决策

组长领用仪器、试剂，分配天平，分组讨论电子分析天平使用方法，总结注意事项。

工作实施

（1）每人一台天平进行称量练习；练习内容包括直接法称量、固定质量法称量、差减法称量、液体样品的称量。

（2）组长做好监督指导工作。

有效数字及运算规则

知识链接

知识点2　有效数字及运算规则

在定量分析中，为了得到准确的分析结果，不仅要准确地进行各种测量，还要正确地记录和计算。在实验数据的记录和结果的计算中，有效数字的保留要根据测量仪器、分析方法的准确度来决定，这就涉及有效数字的概念。

一、有效数字

有效数字是指在分析工作中实际能够测量得到的数字。在保留的有效数字中，只有最后一位数字是可疑的（有 ±1 的误差），其余数字都是准确的。

有效数字中"0"的意义：数字之间和小数点后末尾的"0"是有效数字；数字前面所有的"0"只起定位作用；以"0"结尾的正整数，有效数字位数不清。

注意：10 的方次、% 均不影响有效数字位数。分析化学中还经常遇到对数或 pH、pK 等负对数值，它们的有效数字位数只取决于小数部分数字位数，因为其整数部分数字只代表原值所乘的方次。如，pH=12.00，$[H^+]$ =1.0×10^{-12} mol/L，实际为 2 位有效数字。

二、有效数字的修约

在数据处理过程中，涉及的各测量值的有效数字位数可能不同，各测量值的有效数字位数确定后，就要将它后面多余的数字舍弃。舍弃多余的数字的过程称为数字修约，数字修约时，可归纳如下口诀："四舍六入五成双，五后非零就进一，五后皆零视奇偶，五前为偶应舍去，五前为奇应进一"。

注意：修约时不能分步修约，只允许对数据一次修约到所需位数。

三、有效数字的运算规则

有效数字的运算规则见表 1-9。

表 1-9　有效数字的运算规则

运算	运算规则
加减法	几个数据相加减时，有效数字保留应以小数点后位数最少的数据（即绝对误差最大的数据）为根据。 例如：0.21+0.0344+32.716=32.9604　　　→ 32.96
乘除法	几个数据相乘除时，有效数字位数的保留必须以各数据中有效数字位数最少的数据（即相对误差最大的数据）为依据。 例如：1.23×21.36=26.2728　　　→ 26.3
乘方、开方	进行乘方或开方时，其结果所保留的有效数字位数应与原数据的有效数字相同。 例如：3.65^2=13.3225　　　→ 13.3
对数计算	所取对数小数点后的位数（不包括整数部分）应与原数据的有效数字的位数相等。 例如：lg105.2=2.02201574　　　→ 2.0220

在混合计算中，有效数字的保留以最后一步计算的规则执行。

四、有效数字在表示分析结果中的应用

（1）表示分析方法的精密度和准确度时，大多数取 1 ~ 2 位有效数字。

（2）待测组分相对含量不同，报出分析结果通常参照表 1-10。

表 1-10 含量不同报出的分析结果

高含量组分（>10%）	中含量组分（1%～10%）	对于微量组分（<1%）
4位有效数字	3位有效数字	2位有效数字

（3）分析结果的有效数字位数与分析方法的准确度、分析过程中所用的仪器及其精度、被测物质含量等有关。

 巩固提升

选择题

1. 算式（30.582-7.44）+（1.6-0.5263）中，绝对误差最大的数据是（　　）。
   A. 30.58　　　　B. 7.44　　　　C. 1.6　　　　D. 0.5263
2. 0.0234×4.303×71.07÷127.5 的计算结果是（　　）。
   A. 0.0561259　　B. 0.056　　　C. 0.05613　　D. 0.0561
3. 将下列数值修约成 3 位有效数字，其中（　　）是错误的。
   A. 6.5350 → 6.54　B. 6.5342 → 6.53　C. 6.545 → 6.55　D. 6.5252 → 6.53
4. 分析工作中实际能够测量到的数字称为（　　）。
   A. 精密数字　　B. 准确数字　　C. 可靠数字　　D. 有效数字
5. 下列数字中有三位有效数字的是（　　）。

A. 溶液的 pH 为 4.30

B. 滴定管量取溶液的体积为 5.40mL

C. 分析天平称量试样的质量为 5.3200g

D. 移液管移取溶液 25.00mL

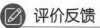 评价反馈

各组汇报、展示成果，有疑难问题交流讨论。

综合评价表

班级			姓名			
工作任务						
评价指标	评价要素	分值	评分			
			自评	互评	师评	
考勤（10%）	无迟到、早退、旷课现象	10				
职业素养考核（30%）	穿实验服、规范整洁	5				
	安全意识、责任意识、环保意识、服从意识	5				
	团队合作、与人交流能力	5				
	劳动纪律，诚信、敬业、科学、严谨	5				
	提出问题、分析问题、解决问题能力	5				
	工作现场管理符合 6S 标准	5				
专业能力考核（60%）	积极参加教学活动，按时完成学生工作活页	10				
	电子分析天平操作符合规范（每错 1 处，扣 5 分）	10				
	直接法、增量法、减量法、液体样品称取准确（每错 1 次，扣 5 分）	20				
	规范记录数据，正确填写报告单，报出结果（每错 1 处，扣 3 分）	20				
总分						
总评	自评（20%）+ 互评（30%）+ 师评（50%）	综合等级		教师：		

任务三
配制一般溶液

📖 任务描述

配制溶液是化学分析工作者必须掌握的一项基本操作技能，而要完成这样的工作，需要先了解有关分析实验室用水、化学试剂的知识，以及学会配制溶液时试剂用量的计算。在本任务中我们要配制下列溶液：化学烧伤应急处理用溶液、酸碱溶液。

⚙ 学习目标

素质目标：具备实验室安全意识、"质量第一"的责任意识、团队合作意识、环保意识；具备良好的实验习惯、严谨的思维方法、实事求是的工作作风。

知识目标：掌握分析用水级别；了解化学试剂的一般知识；掌握溶液配制计算方法。

能力目标：能独立完成溶液配制任务；能进行正确的公式计算。

📋 任务书

1. **任务准备**

（1）仪器　托盘天平、量筒、烧杯、称量纸。

（2）药品　NaOH 固体、浓盐酸、$NaHCO_3$、冰醋酸、硼酸。

2. **实训操作**

（1）化学试剂的取用练习

常量液体：选择适宜的量筒，量取 20mL 0.9%NaCl 溶液于 100mL 烧杯中。

少量液体：用滴管吸取 0.9%NaCl 溶液，并逐滴滴到 10mL 量筒中，记录滴至 1 刻度处的总滴数。记住这个数字，这是不用量筒量取少量溶液的简便方法。

固体：练习称量 1gNaOH 固体。

（2）配制下列溶液

100mL 2%$NaHCO_3$ 溶液；100mL 0.3mol/L HAc 溶液；100mL 2% 硼酸溶液；100mL 0.1mol/L HCl 溶液；100mL 0.1mol/L NaOH 溶液。

📄 获取资讯

问题 1　配制一般溶液用几级水？

问题 2　实验室一般的化学试剂分为几级？化学分析工作常使用何种纯度？

问题 3　用托盘天平称量固体时，应注意什么？能否用称量纸称量 NaOH 固体？

问题 4　配制溶液的一般过程是什么？

工作计划

表:工作方案　　　　　　　　　组别:

步骤	工作内容	负责人(任务分工)
1		
2		
3		
4		

进行决策

(1) 分组讨论配制溶液所需仪器、配制流程,计算所需试剂的用量,画出流程图或者实物简图,各组派代表阐述配制流程。

表:配制溶液　　　　　　　　　组别:

序号	任务名称	仪器	配制过程
1	100mL 2%NaHCO$_3$ 溶液		
2	100mL 0.3mol/L HAc 溶液		
3	100mL 2% 硼酸溶液		
4	100mL 0.1mol/L HCl 溶液		
5	100mL 0.1mol/L NaOH 溶液		

(2) 师生共同讨论,点评实验方案。

工作实施

(1) 领用并检查仪器是否破损。
(2) 领取试剂并配制溶液。

> **注意事项**
>
> ① 强酸强碱使用时注意安全,提防化学烧伤。具有腐蚀性的物体应放入烧杯中称量。
> ② 固体药品要完全溶解于水,成为澄清、透明的溶液。浓溶液稀释时,要完全与水均匀混合,成为稀溶液。
> ③ 将溶液完全溶解,放置达到室温后才能装入试剂瓶中,并贴上标签,标注清楚。

相关知识

一、分析实验用水

在分析工作中,洗涤仪器、溶解样品、配制溶液均需用水。作为分析用水,必须净化达到国家规定。我国已建立了实验室用水规格的国家标准(GB/T 6682—2008《分析实验室用水规格和试验方法》)。

国家标准规定的实验室用水分为三级:一级水＞二级水＞三级水。三级水是使用最普遍的纯水,适用于一般化学分析试验,过去多采用蒸馏方法制备,故通常称为蒸馏水。此外,还有离子交换法、电渗析法制备纯水。

二、化学试剂的分类

实验室最普遍使用的试剂,一般可分为四个等级。见表 1-11。

表 1-11 一般试剂的分级标准和适用范围

级别	纯度分类	英文符号	适用范围	标签颜色
一级	优级纯	G.R.	适用于精密分析实验和科学研究工作	绿色
二级	分析纯	A.R.	适用于一般分析实验和科学研究工作	红色
三级	化学纯	C.P.	适用于一般分析工作	蓝色
四级	实验试剂	L.R.	用作一般化学实验辅助试剂	黄色

化学试剂选用的原则是:在满足实验要求的前提下,选择试剂的级别应就低而不就高。本书实验用的化学试剂除特殊说明外,均为分析纯试剂。

 知识链接

知识点 3　溶液的配制

分析化学溶液分为一般溶液和标准溶液。一般溶液也称为辅助试剂溶液,这类溶液的浓度不需严格准确,质量用托盘天平称量,体积可用量筒或量杯量取。常用的溶液浓度表示方法见表 1-12。

视频扫一扫

溶液的配制

表 1-12 常用的溶液浓度表示方法

表示方法	公式	表示方法	公式
质量分数 ω_B	$\omega_B=m_B/m_s$	体积分数 Φ_B	$\Phi_B=V_B/V_s$
质量浓度 ρ_B	$\rho_B=m_B/V_s$	摩尔浓度 c_B	$c_B=n_B/V_s$
比例浓度	指各组分的体积比,如 HCl(1∶2)或(1+2)		

【例 1-1】配制质量分数为 20% 的 KI 溶液 100g,应称取 KI 多少克?加水多少克?如何配制?

$$\xrightarrow[\text{20g(托盘天平)}]{\text{KI}} 烧杯 \xrightarrow[\text{80mL}]{\text{H}_2\text{O}} \xrightarrow{\text{搅拌}} 溶解 \xrightarrow{\text{转移}} 棕色试剂瓶 \longrightarrow 贴标签$$

碘化钾 KI 20% (配制日期)

【例 1-2】 欲配制质量分数为 20% 的硝酸（$\rho_2 = 1.115\text{g/mL}$）溶液 500mL，需质量分数为 67% 的浓硝酸（$\rho_1 = 1.40\text{g/mL}$）多少毫升？加水多少毫升？如何配制？

$$烧杯 \xrightarrow[\text{381mL(量筒)}]{\text{蒸馏水}} \xrightarrow[\text{119mL(量筒)}]{\text{浓硝酸(搅拌下)}} 混合 \xrightarrow{\text{均匀}} 转移 \xrightarrow{} 棕色试剂瓶 \longrightarrow 贴标签$$

硝酸 HNO₃ 20% (配制日期)

【例 1-3】 配制质量浓度为 0.1g/L Cu^{2+} 溶液 1L，应取 $CuSO_4 \cdot 5H_2O$ 多少克？如何配制？

$$\xrightarrow[\text{0.4g}]{\text{CuSO}_4 \cdot 5\text{H}_2\text{O}} 烧杯 \xrightarrow[\text{(少量)}]{\text{蒸馏水}} 溶解 \xrightarrow{\text{转移}} 试剂瓶(1000\text{mL}) \xrightarrow[\text{(蒸馏水)}]{\text{稀释}} 1000\text{mL} \xrightarrow{\text{摇匀}} 贴标签$$

Cu^{2+}溶液 0.1g/L (配制日期)

Cu^{2+} 溶液配制过程见图 1-7。

图 1-7　Cu^{2+} 溶液的配制

 巩固提升

一、选择题

1. 国家标准规定的实验室用水分为（　　）级。
   A. 4　　　　B. 5　　　　C. 3　　　　D. 2
2. 优级纯、分析纯、化学纯试剂的瓶签颜色依次为（　　）。
   A. 绿色、红色、蓝色　　　　B. 红色、绿色、蓝色
   C. 蓝色、绿色、红色　　　　D. 绿色、蓝色、红色
3. 一般分析实验和科学研究中适用（　　）。
   A. 优级纯试剂　　B. 分析纯试剂　　C. 化学纯试剂　　D. 实验试剂

二、判断题

（　　）倾倒液体试样时，右手持试剂瓶并使试剂瓶的标签正对手心，逐渐倾斜试剂瓶，缓缓倒出所需量试剂并将瓶口的一滴碰到承接容器中。

评价反馈

各组汇报、展示成果，有疑难问题交流讨论。

综合评价表

班级			姓名		
工作任务					
评价指标	评价要素	分值	评分		
			自评	互评	师评
考勤（10%）	无迟到、早退、旷课现象	10			
职业素养考核（30%）	穿实验服、规范整洁	5			
	安全意识、责任意识、环保意识、服从意识	5			
	团队合作、与人交流能力	5			
	劳动纪律，诚信、敬业、科学、严谨	5			
	提出问题、分析问题、解决问题能力	5			
	工作现场管理符合 6S 标准	5			
专业能力考核（60%）	积极参加教学活动，按时完成学生工作活页	10			
	取用试剂符合规范（每错 1 处，扣 5 分）	10			
	配制溶液操作符合规范（每错 1 次，扣 5 分）	20			
	计算试剂用量正确（每错 1 处，扣 5 分）	20			
总分					
总评	自评（20%）+ 互评（30%）+ 师评（50%）	综合等级	教师：		

任务四
分析数据的处理

任务描述

在实际定量分析测试工作中,由于随机误差的存在,使得多次重复测定的数据不可能完全一致,而存在一定的离散性。在一组数据中往往有个别数据与其他数据相差较远,这一数据称为可疑值,又称为异常值或极端值。

可疑值对测定的精密度和准确度均有重大影响。可疑值可能是随机误差波动性的表现,也可能是测量时的过失引起。若异常值确实为过失所造成,应舍弃,否则不能随意舍去。应采用统计学方法决定其取舍,可疑值取舍方法有很多,现介绍 G 检验法处理分析数据。在后续实验中,注意正确地应用 G 检验法以确保分析结果的准确性。

学习目标

素质目标:具备实验室安全意识、"质量第一"的责任意识、团队合作意识、环保意识;具备良好的实验习惯、严谨的思维方法、实事求是的工作作风。

知识目标:掌握 G 检验法处理数据的步骤。

能力目标:能对实验数据进行合理取舍,提高分析结果准确性。

任务书

某分析人员测定样品中的铁含量,得到下列数据:42.82%,42.85%,42.88%,42.86%,43.11%。用 G 检验法进行判断,有无可疑值,可疑值能否舍去(置信度为95%)?

1. 方法原理

在分析测定结束后,应先对可疑值进行处理。在重复测定中如果发现某次测定有异常情况,该测定值应该舍去。如果测定并无失误,而结果又与其他值差异较大,该可疑值是保留还是舍去,应按下面介绍的 G 检验法进行处理。

2. G 检验法的具体步骤

(1)计算包括可疑值在内的所有数据的平均值。

(2)计算包括可疑值在内的所有数据的标准偏差 s。

$$s = \sqrt{\frac{\sum_{i=1}^{n}(x_i - \bar{x})^2}{n-1}}$$

(3)按下式计算:

$$G_{\text{计}} = \frac{|X_{\text{可疑值}} - \bar{x}|}{s}$$

想一想:如果可疑值舍弃,是否参加平均值的计算?

视频扫一扫

可疑值的取舍

（4）将计算值 $G_{计}$ 与临界值 G（查表1-13）比较。若 $G_{计} \leq G_{临界}$，则可疑值为正常值应保留，否则应舍去。

G 检验法的适用范围较广，准确度高，是目前应用广泛的检验方法。

表1-13　G 检验法的临界值（置信度为90%、95%、99%）

测定次数	3	4	5	6	7	8	9	10
$G_{90\%}$	1.153	1.463	1.672	1.822	1.938	2.032	2.110	2.176
$G_{95\%}$	1.155	1.481	1.715	1.887	2.020	2.126	2.215	2.290
$G_{99\%}$	1.155	1.496	1.764	1.973	2.139	2.274	2.387	2.482

【练一练】在一组平行测定中，测得试样中钙的质量分数分别为22.38%、22.36%、22.40%、22.48%，用 G 检验法判断，应舍去（　）。（已知：$G_{95\%}$=1.481，n=4）

A．22.38%　　　　B．22.40%　　　　C．22.48%　　　　D．22.36%

评价反馈

项目	考核内容	分值	得分
（一） G 检验法实施 （50分）	求所有数据的平均值	5	
	求所有数据的标准偏差 s	5	
	计算 $G_{计}$	10	
	$G_{计}$ 与 $G_{临界}$ 进行比较	5	
	判断是否为可疑值	5	
	同样方法检验另一端，并判断	20	
（二） 能力拓展测试 （50分）	某分析人员对试样平行测定5次，测量值分别为2.62、2.60、2.61、2.63、2.52，试用 G 检验法检验测定值2.52是否应该保留（置信度为95%）	50	

知识链接

知识点4　分析测试中的误差

定量分析的目的是准确测定试样中各组分的含量，从而报出可靠的分析结果，用于指导生产实践。误差是客观存在的，并且自始至终存在于一切科学实验过程中。

作为分析工作者，必须了解误差的来源，能够采取措施减免误差，从而得到可靠的分析结果。同时，还要能正确地记录实验数据，正确地处理实验数据，判断分析实验数据的可靠性，以满足生产和科研等工作的要求。

一、误差与准确度

准确度是指测定值与真实值相符合的程度，测定值与真实值之间的差值就是误差。准确度说明测定值的正确性,准确度的高低用误差的大小表示。误差越小,准确度越高;误差越大,准确度越低。误差的表示方法有绝对误差、相对误差两种:

绝对误差(E_a) 绝对误差表示测定值与真实值之差。即:

$$E_a = x_i - x_T \qquad (1-1)$$

相对误差(E_r) 相对误差是指绝对误差在真实值中所占的比例。即:

$$E_r = \frac{E_a}{x_T} \times 100\% \qquad (1-2)$$

绝对误差和相对误差都有正负之分。测定值大于真实值,误差为正,表示分析结果偏高;测定值小于真实值,误差为负,表示分析结果偏低。相对误差能反映误差在真实值中所占的比例,这对于比较各种情况下测定结果的准确度更为方便,因此最常用。

绝对误差通常用于说明一些分析仪器测量的准确度。常用仪器准确度见表1-14。

表 1-14 常用仪器的准确度

常用仪器	绝对误差	常用仪器	绝对误差
电子分析天平	±0.0001g	常量滴定管	±0.01mL
托盘天平	±0.1g	25mL 量筒	±0.1mL

二、偏差与精密度

精密度是指在相同条件下,多次重复测定(平行测定)结果彼此相符合的程度。精密度的高低用偏差表示。精密度有下列表示方法:

1. 绝对偏差和相对偏差

绝对偏差 $\qquad d_i = x_i - \bar{x} \qquad (1-3)$

相对偏差 $\qquad d_r = \frac{d_i}{\bar{x}} \times 100\% \qquad (1-4)$

绝对偏差和相对偏差有正负之分,它们都是表示单次测定值与平均值的偏离程度。

2. 平均偏差和相对平均偏差

平均偏差 $\qquad \bar{d} = \frac{|d_1| + |d_2| + |d_3| + \ldots + |d_n|}{n} = \frac{\sum |d_i|}{n} \qquad (1-5)$

相对平均偏差 $\qquad \bar{d}_r = \frac{\bar{d}}{\bar{x}} \times 100\% \qquad (1-6)$

3. 标准偏差和相对标准偏差

标准偏差是指单次测定值与算术平均值之间相符合的程度。

标准偏差
$$s = \sqrt{\frac{\sum_{i=1}^{n}(x_i - \bar{x})^2}{n-1}} = \sqrt{\frac{\sum_{i=1}^{n}d_i^2}{n-1}} \quad (1-7)$$

相对标准偏差
$$s_r = \frac{s}{\bar{x}} \times 100\% \quad (1-8)$$

相对标准偏差亦称变异系数，用 CV 表示。

4. 极差

极差是指一组数据中最大值（x_{max}）与最小值（x_{min}）之差，用 R 表示。
$$R = x_{max} - x_{min} \quad (1-9)$$

5. 允许差

生产部门并不强调误差与偏差两个概念的区别，一般均称为"误差"，并用"公差"范围来表示允许误差的大小。

公差是生产部门对于分析结果允许误差的一种表示方法。如果分析结果超出允许的公差范围，称为"超差"，遇到这种情况，该项分析应该重做。公差范围一般是根据实际情况和生产需要对测定结果的准确度的要求而确定的。各种分析方法所能达到的准确度不同，其允许公差范围也不同。

> 按 GB/T 534—2014 规定，检测工业硫酸中硫酸质量分数，公差（允许误差）为 ≤ ±0.20%。有一批硫酸，甲的测定结果为 98.25%，98.37%，乙的测定结果为 98.10%，98.51%，问甲、乙二人的测定结果中，哪一位合格？由合格者报出确定的硫酸质量分数是多少？

【练一练】有甲、乙两组测定数据如下，计算各组数据的平均偏差和标准偏差。
甲组：10.3、9.8、9.6、10.2、10.1　　乙组：10.0、10.1、9.3、10.2、9.9

三、准确度与精密度的关系

【例 1-4】某实验室有 A、B、C、D 四名分析人员同时对同一试样在相同条件下进行测定，测定试样中铜含量，各测定 4 次，其测定结果见图 1-8。

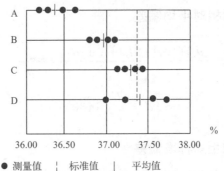

图 1-8　A、B、C、D 分析结果

由图1-8可知：A、B、C测定结果的精密度高，但A、B平均值与真实值相差较远，准确度低；D测定结果精密度不高，准确度不高；C测定结果的精密度和准确度都比较高。

可见，精密度高，准确度不一定高，但精密度高是保证准确度高的前提条件。精密度高表示分析测定条件稳定，测定结果的重现性好。只有精密度高、准确度高的测定结果，才是可靠的。如果一组数据的精密度很差，就失去了衡量准确度的意义。

四、误差的分类及产生

产生误差的原因很多，一般分为三类：系统误差、随机误差、过失误差。

（1）系统误差　指在一定条件下，由某些固定原因引起的误差。其特点是：在多次重复测定时反复出现，具有单向性，总是产生正误差或负误差，系统误差是可测的，并且可以校正。系统误差按其产生的原因，可分为下列几类，见表1-15。

视频扫一扫

定量分析中的误差

表1-15　系统误差分类

系统误差	产生原因	举例
方法误差	由于分析方法本身不完善所造成的误差	在称量分析中，选择的沉淀形式溶解度较大，共沉淀沾污，灼烧时沉淀的分解或挥发
仪器误差	由于仪器、量器精度不够或未经校正而引起的误差	电子分析天平砝码未经校正，滴定管、移液管等容量仪器的刻度不准等
试剂误差	由于试剂不纯或带入杂质引起的误差	试剂的纯度不够或蒸馏水含有微量的待测组分等
操作误差	在正常操作下，由于操作者的主观因素造成的误差	滴定管的读数经常偏高或偏低，滴定终点颜色的判断经常偏深或偏浅等

（2）随机误差　随机误差又叫偶然误差，是由于各种因素的随机波动引起的误差。这些因素包括：温度、压力、湿度、仪器的微小变化，分析人员对各份试样处理时的微小差别等。其特点是：随机误差数值不恒定，有时大，有时小；随机误差不可测量；性质服从一般的统计规律。

（3）过失误差　过失误差是由于分析人员的粗心，不遵守操作规程，责任心不强引起的。如仪器洗涤不干净，样品损失，加错试剂，看错读数，溶液溅失，计算错误等。

> 系统误差：决定了分析结果的准确度；
> 偶然误差：决定了分析结果的精密度；
> 过失误差：不是误差，在工作上属于责任事故。

 巩固提升

一、选择题

1. 比较两组测定结果的精密度（　　）。甲组：0.38%，0.38%，0.39%，0.40%，

0.40%；乙组：0.37%，0.39%，0.39%，0.40%，0.41%。

  A. 甲、乙两组相同   B. 甲组比乙组高
  C. 乙组比甲组高   D. 无法判别

 2. 对某试样进行对比测定，获得其中硫的平均含量为3.25%，则其中某个测定值与此平均值之差为该测定的（　　）。

  A. 绝对误差   B. 相对误差   C. 相对偏差   D. 绝对偏差

 3. 定量分析工作要求测定结果的误差（　　）。

  A. 越小越好   B. 等于零
  C. 在允许误差范围之内   D. 略大于允许误差

 4. 在滴定分析法测定中出现的下列情况，（　　）属于系统误差。

  A. 试样未充分混匀   B. 滴定管的读数读错
  C. 滴定时有液滴溅出   D. 砝码未经校正

 5. 下列因素中能造成系统误差的为（　　）。

  A. 气流微小波动   B. 蒸馏水不纯   C. 读数读错   D. 计算错误

 6. 系统误差的性质是（　　）。

  A. 随机产生   B. 具有单向性   C. 呈正态分布   D. 难以测定

 7. 下述论述中错误的是（　　）。

  A. 方法误差属于系统误差   B. 系统误差包括操作误差
  C. 系统误差呈现正态分布   D. 系统误差具有单向性

 8. 滴定管读数时，最后一位数字估测不准，会引起（　　）。

  A. 仪器误差   B. 试剂误差   C. 操作误差   D. 偶然误差

 9. 天平零点稍有变动，属于（　　）。

  A. 仪器误差   B. 试剂误差   C. 操作误差   D. 偶然误差

二、判断题

 （　）1. 器皿不洁净，溅失试液，读数或记录差错都可造成偶然误差。

 （　）2. 对滴定终点颜色的判断，有人偏深有人偏浅，所造成的误差为系统误差。

 （　）3. 随机误差呈现正态分布。

 （　）4. 平均偏差常用来表示一组测量数据的分散程度。

 （　）5. 定量分析工作要求测定结果的误差在企业要求允许误差范围内。

 （　）6. 测定的精密度好，但准确度不一定好，消除了系统误差后，精密度好的，结果准确度就好。

 （　）7. 精密度高，准确度就一定高。

 （　）8. 测定结果精密度好，准确度不一定高。

 （　）9. 准确度表示分析结果与真实值接近的程度。它们之间的差别越大，则准确度越高。

 （　）10. 随机误差影响测定结果的精密度。

任务五
滴定分析基本操作

任务描述

移液管、吸量管、滴定管、容量瓶等是定量化学分析实验中准确测量溶液体积的常用量器。作为化学分析人员,能根据不同实验的要求,正确选择合适种类和规格的滴定分析仪器,熟练掌握滴定分析仪器的操作方法。

学习目标

素质目标: 具备实验室安全意识、"质量第一"的责任意识、团队合作意识、环保意识;具备良好的实验习惯、严谨的思维方法、实事求是的工作作风。

知识目标: 掌握移液管、吸量管、滴定管、容量瓶仪器的用途,各自准确度;了解滴定分析仪器使用不当对分析结果误差的影响。

能力目标: 能规范使用滴定分析仪器。

任务书

1. 任务准备

仪器:移液管、吸量管、滴定管、容量瓶、锥形瓶、洗瓶、洗耳球、烧杯等。

2. 实训操作

(1) 练习移液管和吸量管的使用　检查—洗涤—吸液—调零—放液。
(2) 练习滴定管的使用　试漏—洗涤—装液—排气泡—调零—滴定—读数。
(3) 练习容量瓶的使用　洗涤—试漏—转移—稀释—定容—摇匀—保存。

获取资讯

问题1　移液管、滴定管和容量瓶这三种仪器中,哪些要用溶液润洗3次?
问题2　锥形瓶使用前是否要干燥?为什么?

考核要点

项目		操作要领	分值	得分
移液管的使用 (30分)	移液管的准备 (4分)	移液管的洗涤	1	
		润洗前内外溶液的处理	1	
		润洗时吸溶液未回流	1	
		润洗后废液的排放(从下口排出)	1	

续表

项目		操作要领	分值	得分
移液管的使用（30 分）	溶液移取（16 分）	握持姿势	2	
		吸液时管尖插入液面的深度（1~2cm）	2	
		吸液高度（刻度线以上少许）	2	
		调节液面之前擦干外壁	4	
		调节液面时视线水平	4	
		调节液面时废液排放（放入废液杯）	2	
	放溶液（10 分）	放溶液时移液管垂直	2	
		放溶液时接收器倾斜 30º ~ 45º	2	
		放溶液时移液管管尖靠壁	2	
		溶液流完后停靠 15s	2	
		最后管尖靠壁左右旋转	2	
滴定管的使用（40 分）	滴定管的准备（12 分）	滴定管的试漏、洗涤	4	
		摇匀待装液	2	
		用待装液润洗	2	
		赶气泡	4	
	滴定操作（24 分）	从 0.00（滴定管零刻度线）开始	1	
		滴定前管尖悬挂液的处理	2	
		滴定时操作规范	2	
		近终点时的半滴操作	3	
		终点判断和终点控制	12	
		终点后滴定管尖没有悬挂液亦没有气泡	4	
	读数（4 分）	停 30s 读数	2	
		读数姿态（滴定管垂直，视线水平，读数准确）	2	
容量瓶的使用（30 分）	准备（2 分）	容量瓶洗涤	1	
		容量瓶试漏	1	
	定量转移（14 分）	搅拌溶解操作正确	2	
		溶解完全后转移	2	
		玻璃棒拿出前靠去悬挂液	2	
		玻璃棒插入瓶口深度、不碰瓶口	2	
		玻璃棒不在烧杯内滚动	2	
		烧杯离瓶口位置、烧杯上移动作	2	
		吹洗玻璃棒及杯口，洗涤次数至少 5 次	2	
	定容（6 分）	三分之二处平摇	2	
		近刻线 1cm 处停留 2min	2	
		准确稀释至刻线	2	

续表

项目		操作要领	分值	得分
容量瓶的使用(30分)	摇匀(6分)	摇匀动作正确	2	
		摇匀过程中换气一次	2	
		摇匀次数≥14次	2	
	保存(2分)	保存在处理后的试剂瓶内	1	
		贴标签	1	

知识链接

知识点5 容量仪器的使用方法

1. 移液管和吸量管的使用

移液管是用于准确量取一定体积溶液的量出式玻璃量器，它的中间有一膨大部分，如图1-9所示。管颈上部刻一圈标线，属于量出式仪器，用符号"Ex"表示。

视频扫一扫

移液管的使用

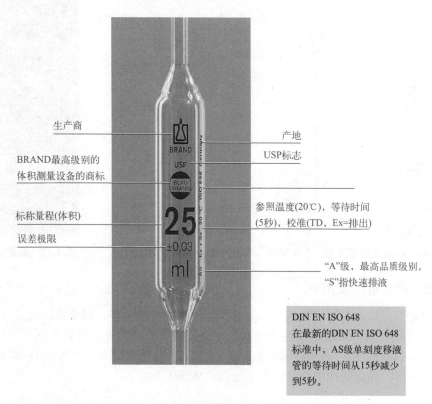

图1-9 移液管

使用步骤：检查→洗涤→吸液→调零→放液。

检查： 看管尖部位有无破损，如破损弃去不用。

洗涤： 依次用自来水、纯水、所装溶液（润洗）各洗涤三次。为了不使标准溶液的浓度发生变化，必须润洗。每次 10 ~ 15mL 为宜。勿使溶液回流，以免稀释溶液。将移液管横过来，边转动边使移液管中的溶液浸润内壁，洗涤后使溶液由尖嘴放出、弃去。

吸液：注意插入深度，移取溶液时，直接插入待吸液面下 1 ~ 2cm 处。管尖不应伸入太浅，以免液面下降后造成吸空；也不应伸入太深，以免管外部附有过多的溶液。

调零：用右手食指堵住管口，并将移液管离开小烧杯，用吸水纸擦拭管的下端，以除去管壁上的溶液。左手改拿一干净的小烧杯，倾斜成 30º，其内壁与管尖紧贴（见图 1-10），调整液面缓慢下降，直到视线平视时弯月面与标线相切，这时立即将食指按紧管口。

放液：左手拿接收容器，并倾斜使之内壁紧贴移液管尖，呈 30º 左右。然后放松右手食指，使溶液自然地顺壁流下，如图 1-11 所示。待液面下降到管尖后，等 15s 左右，移出移液管。这时，可见管尖部位仍留有少量溶液，对此，除特别注明"吹"字的以外，一般此管尖部位留存的溶液是不能吹入接收容器中的。

吸量管的使用与移液管大致相同，实验中要尽量使用同一支吸量管（见图 1-12），以免带来误差。

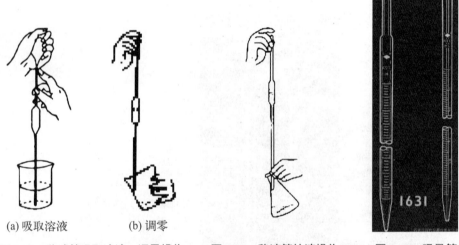

(a) 吸取溶液　　(b) 调零

图 1-10　移液管吸取溶液、调零操作　　图 1-11　移液管放液操作　　图 1-12　吸量管

视频扫一扫

滴定管的使用

2. 滴定管的使用

滴定管是滴定时可准确放出一定体积滴定剂的玻璃量器，属于量出式玻璃仪器，用符号"Ex"表示。它的主要部分管身是用细长且内径均匀的玻璃管制成，上刻有均匀的刻度线。下端的流液口为一尖嘴，中间通过活塞或乳胶管连接以控制滴定速度。滴定管按用途分为以下三类，见表 1-16。

表 1-16　滴定管分类

酸式滴定管（酸管）	碱式滴定管（碱管）	聚四氟乙烯滴定管
用来装酸性、中性及氧化性溶液，但不适宜装碱性溶液，因为碱性溶液能腐蚀玻璃的磨口和活塞	用来装碱性及无氧化性溶液，能与橡胶起反应的溶液如高锰酸钾、碘和硝酸银等溶液，都不能加入碱式滴定管中	可以耐酸、碱

使用步骤：试漏→洗涤→装液→排气泡→调零→滴定→读数。

试漏：如有漏水，必须重新涂凡士林或更换乳胶管（玻璃珠）。涂凡士林见图 1-13，要遵循"少、薄、匀"的原则。

洗涤：依次用自来水、纯水、所装溶液洗净。

装液：装前摇一摇，以混匀溶液。瓶塞倒放口挨着口，缓慢注入签向手，取完上塞放原处。

排气泡：酸管的气泡，当有气泡时，右手拿滴定管上部无刻度处，并使滴定管倾斜30º，左手迅速打开活塞，使溶液冲出管口，反复数次，一般即可达到排除酸管出口处气泡的目的。碱管的排气泡方法如图 1-14 所示。

视频扫一扫

酸式滴定管涂油

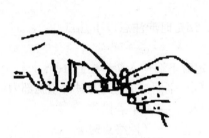

图 1-13 涂凡士林

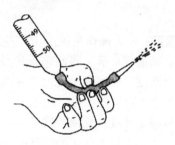

图 1-14 碱式滴定管排气泡

调零和读数：

① 读数时应将滴定管从滴定管架上取下，手拿上部无刻度处，使管保持垂直。

② 视线应与弯月面下缘实线的最低点相切，如图 1-15 所示。不能俯视或仰视。对于深色溶液（如 $KMnO_4$，I_2 等），读数时，视线应与液面两侧的最高点相切，如图 1-16 所示。

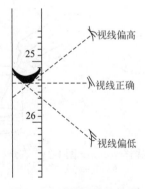

图 1-15 读数视线的位置

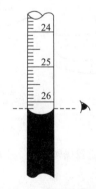

图 1-16 深色溶液读数

③ 在滴定管装满或放出溶液后，必须等 1~2min，使附着在内壁的溶液流下来后再读数。如果放出溶液的速度较慢，那么可等 0.5~1min 后，即可读数。

④ 读数必须读至小数点后第二位，即要求估计到 0.01mL。

⑤ 对于蓝带滴定管，读数方法是读取两个弯月面尖端相交点的位置，如图 1-17 所示。

⑥ 为便于读数，可采用读数卡，读取黑色弯月面下缘的最低点，如图 1-18 所示。

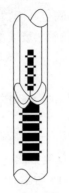
图 1-17　蓝带滴定管

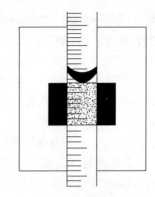
图 1-18　读数卡

滴定：滴定操作见图 1-19 ~ 图 1-21，滴定时应注意以下几点。

① 滴前靠一靠，将滴定管尖残液靠去。
② 高度：瓶底离滴定台 2 ~ 3cm，滴定管下端伸入瓶口内约 1cm。
③ "三同"，即：同一方向、同一轴心、同一平面，并且滴定时使用腕部力量。
④ 滴定速度：见滴成线　→　逐滴加入　→　半滴操作
　　　　　　　（3 ~ 4 滴每秒）（滴落点变色）　（近终点时）

滴定管用后的处理：滴定结束后，滴定管内的剩余溶液应弃去，不要倒回原瓶中，以免污染标准滴定溶液。随后，洗净滴定管，倒置在滴定管架上。

分析化学中经常用到液体的滴作为量的单位，液体的滴系指蒸馏水自标准滴管自然滴下的一滴的量，在 20℃ 时 20 滴相当于 1mL。

图 1-19　酸式滴定管操作　　　图 1-20　碱式滴定管操作　　　图 1-21　在烧杯中滴定

3. 容量瓶的使用

容量瓶主要用于配制一定浓度的溶液或定量地稀释溶液，故常和电子分析天平、移液管配合使用。颈上有标度刻线，一般表示在 20℃ 液体充满标度刻线时的准确容积。容量瓶属于量入式玻璃仪器。用符号"E"或"In"表示。

使用步骤：洗涤→试漏→转移→稀释→定容→摇匀→贴标签保存。

试漏：加少量水，盖好瓶塞后用滤纸擦干瓶口。将瓶倒立 2min 不应有水渗出，如不漏水，将瓶直立，转动瓶塞 180° 后，再倒立 2min 检查，如不漏水方可使用。如图 1-22 所示。

洗涤：依次用自来水、纯水洗净。

转移：左杯右棒，如图1-23所示。烧杯中溶液流完后，将烧杯沿玻璃棒稍微向上提起，同时使烧杯直立，待竖直后移开。将玻璃棒放回烧杯中，不可放于烧杯尖嘴处，用左手食指将其按住。然后，用洗瓶吹洗玻璃棒和烧杯内壁，再将溶液定量转入容量瓶中。如此吹洗、转移操作，一般应重复五次以上，以保证定量转移。

稀释：加入水至容量瓶的3/4左右时，将容量瓶拿起，按同一方向摇动几周（切勿倒转摇动），使溶液初步混匀，这样还可以避免混合后体积的改变，继续加蒸馏水至距离标度刻线约1cm处。

图1-22 容量瓶试漏

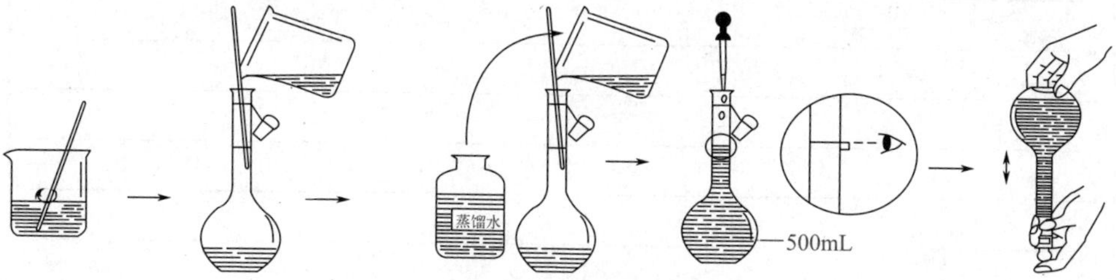

图1-23 容量瓶的使用

定容：继续加水至距离标度刻线约1cm处，等1～2min使附在瓶颈内壁的溶液流下后，再用滴管加水至弯月面下缘与标度刻线相切，盖紧塞子。

摇匀：将容量瓶倒转，使气泡上升到顶部，旋摇容量瓶混匀溶液。如此反复14次左右。注意，每摇几次后应将瓶塞微微提起并旋转180°，然后塞上再摇。

保存：配好的溶液需保存时，应转移至磨口试剂瓶中，不要将容量瓶当作试剂瓶使用。

注意：使用完毕应立即用水冲洗干净。如果长期不用，磨口处应洗净擦干，并用纸片将其隔开。容量瓶不得在烘箱中烘烤，也不能在电炉等加热器上直接加热。如需使用干燥的容量瓶时，可将容量瓶洗净后，用乙醇等有机溶剂荡洗后晾干或用电吹风机冷风吹干。

巩固提升

选择题

1. 滴定管读数时，视线比液面低，会使读数（　　）。
   A. 偏低　　　　　　　　　　　B. 偏高
   C. 可能偏高也可能偏低　　　　D. 无影响
2. 下列溶液中需装在棕色酸式滴定管的是（　　）。
   A. H_2SO_4　　　B. NaOH　　　C. $KMnO_4$　　　D. $K_2Cr_2O_7$
3. 用15mL的移液管移出的溶液体积应记为（　　）。
   A. 15mL　　　B. 15.0mL　　　C. 15.00mL　　　D. 15.000mL

4. 带有玻璃活塞的滴定管常用来装（ ）。
   A. 见光易分解的溶液　　　　　　　B. 酸性溶液
   C. 碱性溶液　　　　　　　　　　　D. 任何溶液
5. 碱式滴定管常用来装（ ）。
   A. 碱性溶液　　B. 酸性溶液　　C. 任何溶液　　D. 氧化性溶液

笔记区

评价反馈

各组汇报、展示成果，有疑难问题交流讨论。

综合评价表

班级			姓名		
工作任务					
评价指标	评价要素	分值	评分		
			自评	互评	师评
考勤（10%）	无迟到、早退、旷课现象	10			
职业素养考核（30%）	穿实验服、规范整洁	5			
	安全意识、责任意识、环保意识、服从意识	5			
	团队合作、与人交流能力	5			
	劳动纪律，诚信、敬业、科学、严谨	5			
	提出问题、分析问题、解决问题能力	5			
	工作现场管理符合 6S 标准	5			
专业能力考核（60%）	积极参加教学活动，按时完成学生工作活页	10			
	移液管、吸量管使用符合规范（每错 1 处，扣 5 分）	20			
	滴定管使用符合规范（每错 1 次，扣 5 分）	20			
	容量瓶使用符合规范（每错 1 次，扣 5 分）	10			
总分					
总评	自评（20%）+ 互评（30%）+ 师评（50%）	综合等级	教师：		

任务六
练习酸碱滴定终点控制

📋 任务描述

滴定终点的判断正确与否是影响滴定分析准确度的重要因素，必须学会正确判断终点。在完成滴定分析仪器使用的基础上，反复练习判断滴定终点，掌握这一技能，并正确、及时、简明记录实验原始数据，完成滴定考核。在以后的各次实验中，每遇到一种新的指示剂，均应先练习至能正确地判断终点颜色变化后再开始实验。

🏅 学习目标

素质目标： 具备实验室安全意识、"质量第一"的责任意识、团队合作意识、环保意识；具备良好的实验习惯、严谨的思维方法、实事求是的工作作风。

知识目标： 掌握酚酞、甲基橙指示剂变色范围。

能力目标： 能进一步规范使用滴定管、移液管等分析仪器；能准确判定酚酞、甲基橙指示剂终点颜色；能准确书写数据记录。

📑 任务书

1. 方法原理

NaOH 溶液滴定酸性溶液时，以酚酞（简写为 PP）为指示剂，终点颜色变化是无色变浅粉红色。PP 的 pH 变色范围是 8.0（无）~10.0（红），pH9.0 附近为浅粉红色。

HCl 溶液滴定碱性溶液时，以甲基橙（简写为 MO）为指示剂，则应以由黄变橙时为终点。MO 的 pH 变色范围是 3.1（红）~4.4（黄），pH4.0 附近为橙色。

2. 任务准备

（1）仪器　滴定管、锥形瓶、洗瓶、洗耳球、烧杯、移液管、容量瓶。

（2）药品　0.1mol/L HCl 溶液、0.1mol/L NaOH 溶液、0.5g/L MO 溶液、10g/L PP 乙醇溶液。

3. 实训操作

（1）练习　用 0.1mol/L NaOH 溶液滴定 0.1mol/L HCl 溶液，反复练习滴定至浅粉红色。

（2）考核　NaOH 滴定 HCl。

用 25mL 移液管量取 HCl 溶液置于锥形瓶中，加 2 滴 PP 指示液，用 NaOH 溶液滴定至溶液由无色变为浅粉红色，30s 之内不褪色即到终点，记录读数，平行滴定 3 次，填表 1–17。所消耗 NaOH 溶液体积的极差（R）应不超过 0.05mL。

碱滴定酸终点练习

表 1–17　NaOH 滴定 HCl 测定记录　　　　　　　　　　指示剂：酚酞

项目	1	2	3	4
V_{HCl}/mL	25.00	25.00	25.00	25.00
V_{NaOH}/mL				
R/mL				

（3）练习　用 0.1mol/L HCl 溶液滴定 0.1mol/L NaOH 溶液，反复练习滴定至橙色。

（4）考核　HCl 滴定 NaOH。

用 25mL 移液管量取 NaOH 溶液置于锥形瓶中，加 2 滴 MO 指示液，用 HCl 溶液滴定至溶液由黄色变为橙色即为终点，记录读数，平行滴定 3 次，填表 1–18。所消耗 HCl 溶液体积的极差（R）应不超过 0.05mL。

表 1-18　HCl 滴定 NaOH 测定记录　　　　　　　　　　指示剂：甲基橙

项目	1	2	3	4
V_{NaOH}/mL	25.00	25.00	25.00	25.00
V_{HCl}/mL				
R/mL				

视频扫一扫
酸滴定碱终点练习

获取资讯

问题 1　滴定管的使用步骤有哪些?
问题 2　移液管的使用步骤有哪些?
问题 3　什么是平行实验?
问题 4　分析平行数据不一致的原因。

进行决策

（1）分组讨论滴定所需仪器、滴定过程，画出流程图或者实物简图，并分组派代表阐述流程。

表：滴定终点练习　　　　　　　　　　　　　　　　　　组别：

序号	任务名称	仪器	滴定过程
1	NaOH 滴定 HCl		

续表

序号	任务名称	仪器	滴定过程
2	HCl 滴定 NaOH		

（注：滴定管为聚四氟乙烯滴定管，酸碱通用。）

（2）师生共同讨论，点评实验方案。

工作实施

（1）领用并检查仪器是否破损。
（2）领取试剂，练习滴定终点颜色的判断。
（3）完成考核。

笔记区

 评价反馈

各组汇报、展示成果，有疑难问题交流讨论。

综合评价表

班级		姓名			
工作任务					
评价指标	评价要素	分值	评分		
			自评	互评	师评
考勤（10%）	无迟到、早退、旷课现象	10			
职业素养考核（30%）	穿实验服、规范整洁	5			
	安全意识、责任意识、环保意识、服从意识	5			
	团队合作、与人交流能力	5			
	劳动纪律、诚信、敬业、科学、严谨	5			
	提出问题、分析问题、解决问题能力	5			
	工作现场管理符合 6S 标准	5			
专业能力考核（60%）	积极参加教学活动，按时完成学生工作活页	10			
	NaOH 滴定 HCl 操作符合规范（每错 1 处，扣 5 分）	20			
	HCl 滴定 NaOH 操作符合规范（每错 1 处，扣 5 分）	20			
	终点颜色判断正确（每错 1 处，扣 5 分）	10			
总分					
总评	自评（20%）+ 互评（30%）+ 师评（50%）	综合等级	教师：		

知识链接

知识点 6　滴定分析法概述

一、滴定分析基本术语

滴定分析又称容量分析。它是通过滴定操作（见图 1-24），将已知准确浓度的试剂溶液滴加到被测物质的溶液中，直至所加溶液物质的量按化学计量关系恰好反应完全，再根据所加滴定剂的浓度和所消耗的体积，计算出试样中待测组分含量的分析方法。

标准滴定溶液：又称为滴定剂，是在滴定分析过程中，确定了准确浓度的试剂溶液。

化学计量点：当加入的标准滴定溶液的量与被测物的量恰好符合化学反应式所表示的化学计量关系时，称反应到达化学计量点（以 sp 表示）。

指示剂：在化学计量点时，反应往往没有易被人察觉的外部特征，因此，通常是加入某种辅助试剂，利用该试剂的颜色突变来判断。这种能改变颜色的试剂称为指示剂。

滴定终点：滴定时指示剂突然改变颜色的那一点称为滴定终点（以 ep 表示）。

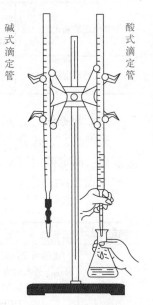

图 1-24　滴定操作

滴定分析是定量化学分析方法中很重要的一种。通常适用于常量组分（被测组分含量在 1% 以上）的测定，滴定分析方法准确度高，分析的相对误差可在 0.1% 左右。仪器设备（主要仪器为：滴定管、移液管、容量瓶和锥形瓶等）比较简单，操作简便、快速。

二、滴定分析对化学反应的要求

滴定分析虽然能利用各种类型的反应，但不是所有反应都可以用于滴定分析。适用于滴定分析的化学反应必须具备下列条件：

（1）反应按一定的化学反应式进行，具有确定的化学计量关系，不发生副反应。

（2）反应必须定量进行，通常要求反应完全程度 ≥ 99.9%。

（3）反应速率要快，速率较慢的反应可以通过加热、加催化剂等措施加快反应速率。

（4）有适当的指示剂或其他物理化学方法来确定滴定终点。

三、滴定分析法的分类

（1）根据滴定反应类型分类　见表 1-19。

表 1-19 根据滴定反应类型分类

滴定类型	反应特点
酸碱滴定法	以质子转移反应为基础的滴定分析法称为酸碱滴定法。 例：NaOH 标准溶液滴定 HAc 溶液，$NaOH+HAc = NaAc+H_2O$
配位滴定法	以配位反应为基础的滴定分析法称为配位滴定法，也称络合滴定法。 例：EDTA 标准溶液滴定金属离子 M^{2+}，$M^{2+}+H_2Y^{2-} = MY^{2-}+2H^+$
氧化还原滴定法	以氧化还原反应为基础的滴定分析法称为氧化还原滴定法。 例：高锰酸钾标准溶液滴定过氧化氢，$2MnO_4^-+5H_2O_2+6H^+ = 2Mn^{2+}+5O_2\uparrow+8H_2O$
沉淀滴定法	以沉淀反应为基础的滴定分析法称为沉淀滴定法。 例：$AgNO_3$ 标准溶液滴定 Cl^-、Br^- 等离子，$Ag^++X^- = AgX\downarrow$

（2）根据滴定方式分类　见表 1-20。

根据滴定方式分为以下四类，凡能满足滴定分析要求的反应都可用标准滴定溶液直接滴定被测物质，如果反应不能完全符合上述要求时，则可选择采用其他三种方式进行滴定。

表 1-20 根据滴定方式分类

滴定方式	操作过程
直接滴定法	直接滴定法是最常用和最基本的滴定方式，简便、快速，引入的误差较小。只有一种标准溶液。 例：HCl 滴定 NaOH。滴定示意图如图 1-25 所示。 $HCl+NaOH = NaCl+H_2O$ 图 1-25　直接滴定示意图
返滴定法	又称为回滴法。在待测试液中准确加入适当过量的标准溶液，待反应完全后，再用另一种标准溶液返滴定剩余的第一种标准溶液，从而测定待测组分的含量。 例：蛋壳中 $CaCO_3$ 含量的测定。滴定示意图如图 1-26 所示。 注：滴定管为聚四氟乙烯滴定管，酸碱通用。 $CaCO_3+2HCl = CaCl_2+CO_2\uparrow+H_2O$ $NaOH+HCl = NaCl+H_2O$ 图 1-26　返滴定示意图

续表

滴定方式	操作过程
置换滴定法	置换滴定法是先加入适当的试剂与待测组分定量反应，生成另一种可滴定的物质，再利用标准滴定溶液滴定反应产物，由滴定剂的消耗量、反应生成的物质与待测组分等物质的量的关系计算出待测组分的含量。 例：用 $K_2Cr_2O_7$ 标定 $Na_2S_2O_3$ 溶液浓度。滴定示意图如图 1-27 所示。 $$Cr_2O_7^{2-}+6I^-+14H^+ = 2Cr^{3+}+3I_2+7H_2O$$ $$I_2+2S_2O_3^{2-} = S_4O_6^{2-}+2I^-$$ 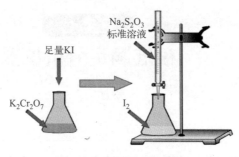 图 1-27　置换滴定示意图
间接滴定法	某些待测组分不能直接与滴定剂反应，但可通过其他的化学反应间接测定其含量。滴定示意图如图 1-28 所示。 例：用高锰酸钾法测定 Ca^{2+}。 $$Ca^{2+}+C_2O_4^{2-} = CaC_2O_4\downarrow$$ $$CaC_2O_4+H_2SO_4 = CaSO_4+H_2C_2O_4$$ $$5H_2C_2O_4+2MnO_4^-+6H^+ = 2Mn^{2+}+10CO_2\uparrow+8H_2O$$ 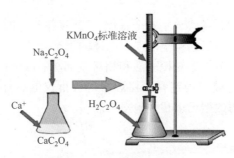 图 1-28　置换滴定示意图

由于返滴定法、置换滴定法和间接滴定法的应用，大大扩展了滴定分析法的应用范围，使之广泛用于各行各业的检测之中。

 巩固提升

选择题

1. 进行滴定操作时，正确的方法是（　　）。
   A. 眼睛看着滴定管中液面下降的位置　　B. 眼睛注视滴定管流速
   C. 眼睛注视滴定管是否漏液　　D. 眼睛注视被滴定溶液颜色的变化

2. 下列滴定分析操作中,规范的操作是( )。

A. 滴定之前,用待装标准溶液润洗滴定管三次

B. 滴定时摇动锥形瓶有少量溶液溅出

C. 在滴定前,锥形瓶应用待测液淋洗三次

D. 滴定管加溶液距离零刻度不到 1cm 时,用滴管加溶液到溶液弯月面最下端与零刻度相切

任务七 校准滴定分析仪器

任务描述

滴定管、移液管、容量瓶等分析实验室常用的玻璃量器,都具有刻度和标称容量。容量仪器的实际容积与它所标示的容积(标称容积)存在或多或少的差值,如果不预先进行容量校准就可能给实验结果带来系统误差。本任务中我们要对滴定管和移液管进行绝对校准,并依据产品的允差进行定级;对容量瓶和移液管进行相对校准并贴标记,保证配套使用。

学习目标

素质目标:具备实验室安全意识、"质量第一"的责任意识、团队合作意识、环保意识;具备良好的实验习惯、严谨的思维方法、实事求是的工作作风。

知识目标:掌握绝对校准法和相对校准法的原理及计算。

能力目标:能对滴定管、移液管等分析仪器进行校准;能正确地应用校正值;能准确书写数据记录和检验报告。

任务书

请你完成滴定管、移液管的绝对校准;移液管和容量瓶的相对校准任务。

1. 任务准备

(1) 仪器 常用滴定分析仪器、具塞锥形瓶、温度计、电子分析天平、气流烘干机。

(2) 药品 乙醇(无水或95%)、新制备的蒸馏水。

滴定管的校准

2. 实训操作

(1) 滴定管的校正 以 50mL 滴定管为例,每隔 10mL 测一个校准值。

洗净滴定管,注水调零 → 放水到具塞锥形瓶 → 盖上塞子,称重 → 每隔10mL测一个校准值

表 1-21 滴定管（50mL）校正实例

水温	25℃	水的密度	ρ=0.99617g/mL	
滴定管待校准体积/mL	标称体积读数 $V_{标称}$/mL	水的质量 $m_{水}$/g	实际体积 V_{20}/mL	校准值 ΔV/mL
0~10	10.10	10.0812	10.12	+0.02
0~20	20.07	19.9906	20.07	0.00
0~30	30.14	30.0712	30.19	+0.05
0~40	40.17	40.0433	40.20	+0.03
0~50	49.96	49.8223	50.01	+0.05

滴定管校正实例见表 1-21，以滴定管被校分度线的标称容量为横坐标，相应的校准值为纵坐标，连接各点绘出校准曲线，以便使用时查找。

（2）移液管的校正

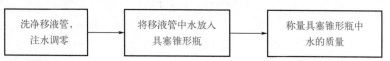

计算完成表 1-22。平行测定三次，取平均值作为校正值。

表 1-22 移液管校准记录

水温		水的密度	
标称体积 $V_{标称}$/mL	水的质量 $m_{水}$/g	实际体积 V_{20}/mL	校准值 ΔV/mL

视频扫一扫

移液管的校准

（3）移液管、容量瓶的相对校准

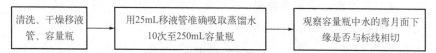

若正好相切，说明移液管与容量瓶的体积比为 1∶10。若不相切（相差超过 1mm），表示有误差，记下弯月面下缘的位置。用一平直的窄纸条贴在与弯月面相切之处（注：纸条上沿与弯月面相切），并在纸条上刷蜡或贴一块透明胶布以保护此标记。以后使用的容量瓶与移液管即可按所贴标记配套使用。

获取资讯

问题 1 容量仪器为什么要进行校准？容量仪器的校准有哪两种方法？

问题 2 如何判断校准的滴定管、移液管是否符合允差要求？

工作计划

表：工作方案　　　　　　　　　组别：

步骤	工作内容	负责人（任务分工）
1		
2		

续表

步骤	工作内容	负责人（任务分工）
3		
4		

进行决策

（1）分组讨论滴定管、移液管的绝对校准和移液管、容量瓶的相对校准过程，在下面的框中画出流程图或者实物简图，并分组派代表阐述流程。

（2）师生共同讨论，点评实验方案。

工作实施

（1）领用并检查仪器是否破损。
（2）开始校准。

注意事项

① 所使用的水为纯水。
② 仪器的洗涤效果和操作技术是校准成败的关键。如果操作不够正确、规范，其校准结果不宜在以后的实验中使用。
③ 一件仪器的校准应连续、迅速地完成，以避免温度波动和水的蒸发所引起的误差，室温最好控制在（25±1）℃。
④ 量入式量器校准前要进行干燥，可用气流烘干机烘干或用乙醇刷洗后晾干。

相关知识

一、容量仪器的体积校准

校准是技术性强的工作，操作要正确规范。容量仪器的校准在实际工作中通常采用绝对校准和相对校准两种方法。

1. 绝对校准法（称量法）

在分析工作中，滴定管一般采用绝对校准法，用作取样的移液管，也必须采用绝对校准法。绝对校准法准确，但操作比较麻烦。

原理：称量量入式或量出式玻璃量器中水的表观质量，并根据该温度下水的密度（见表1-23），计算出该玻璃量器在20℃时的实际容量。

表1-23 不同温度时纯水的密度

温度/℃	密度/(g/mL)	温度/℃	密度/(g/mL)	温度/℃	密度/(g/mL)	温度/℃	密度/(g/mL)
11	0.99832	16	0.99780	21	0.99700	26	0.99593
12	0.99823	17	0.99765	22	0.99680	27	0.99569
13	0.99814	18	0.99751	23	0.99660	28	0.99544
14	0.99804	19	0.99734	24	0.99638	29	0.99518
15	0.99793	20	0.99718	25	0.99617	30	0.99491

其换算公式为：

$$V_{20} = \frac{m_t}{\rho_t}$$

式中 m_t——t℃时称得玻璃仪器中放出或装入的纯水的质量，g；

ρ_t——t℃时纯水的密度，g/mL；

V_{20}——20℃时玻璃量器的实际体积，mL。

校准值：$\Delta V = V_{20} - V_{标称}$

【例1-5】24℃时，称得25mL移液管中至刻度线时放出水的质量为24.902g，计算该移液管在20℃时的真实体积及校准值各是多少。

解：查表1-23得，24℃时 $\rho_{24} = 0.99638$ g/mL

$$V_{20} = \frac{24.902}{0.99638} = 24.99 (\text{mL})$$

$\Delta V = V_{20} - V_{标称} = 24.99 - 25.00 = -0.01$（mL）

该移液管在20℃时真实体积为24.99mL。体积校准值 ΔV 为 -0.01mL。

【例1-6】校准滴定管时，在22℃时由滴定管中放出0.00～9.99mL水，称得其质量为9.981g，计算该段滴定管在20℃时的实际体积及校准值各是多少。

解：查表1-23得，22℃时 $\rho_{22} = 0.99680$ g/mL

$$V_{20} = \frac{9.981}{0.99680} = 10.01 (\text{mL})$$

$\Delta V = V_{20} - V_{标称} = 10.01 - 9.99 = 0.02$（mL）

该段滴定管在20℃时实际体积为10.01mL。体积校准值 ΔV 为 0.02mL。

表1-24分别列出了常用滴定管的容量允差、常用移液管的容量允差。

表1-24 常用滴定管和移液管的容量允差

标称总容量/mL	等级	5	10	25	50	100
滴定管容量允差（±）/mL	A	0.010	0.025	0.05	0.05	0.10
	B	0.020	0.050	0.10	0.10	0.20

续表

标称总容量/mL	等级	5	10	25	50	100
移液管容量允差（±）/mL	A	0.015	0.020	0.030	0.050	0.080
	B	0.030	0.040	0.060	0.100	0.160

2. 相对校准法

相对校准法是相对比较两容器所盛液体体积的比例关系的校准方法。在实际的分析工作中，容量瓶与移液管常常配套使用，如经常将一定量的物质溶解后在容量瓶中定容，用移液管取出一部分进行定量分析。因此，重要的不是要知道所用容量瓶和移液管的绝对体积，而是容量瓶与移液管的容积比是否正确。所以需要作容量瓶和移液管的相对校准，并且必须配套使用。相对校准法操作比较简单。

二、溶液体积的校准

滴定分析仪器都是以20℃为标准温度来标定和校准的，但是使用时则往往不一定是在20℃，温度变化会引起仪器容积和溶液体积的改变。如果在不同的温度下使用，则需要校准。当温度变化不大时，玻璃仪器容积变化的数值很小，可忽略不计，但溶液体积的变化则不能忽略。溶液体积的改变是由于溶液密度的改变所致，稀溶液密度的变化和水相近。

附录四列出了不同温度下标准滴定溶液的体积补正值。附录九为2020年辽宁省化学实验技术赛项容量分析操作考核（0.05mol/L EDTA 滴定液的标定）报告单，考虑了温度补正、滴定管体积校正因素。

【例1-7】在10℃时，滴定用去 26.00mL 0.1mol/L NaOH 标准滴定溶液，计算在20℃时该溶液的体积应为多少？

解：查附录四得，10℃时 1L 0.1mol/L 溶液的补正值为 +1.5，则在20℃时该溶液的体积为：

$$26.00 + \frac{1.5}{1000} \times 26.00 = 26.04(\text{mL})$$

【练一练】

（1）12℃时 0.1mol/L 某标准溶液的温度补正值为 +1.3，滴定用去 26.35mL，校正为20℃时的体积是多少 mL？

（2）移液管的体积校正：一支 10.00mL（20℃下）的移液管，放出的水在20℃时称量为 9.9814g，已知20℃时 1mL 的水质量为 0.99718g，则此移液管在校准后的体积为多少 mL？

（3）已知 25mL 移液管在20℃的体积校准值为 -0.01mL，则20℃该移液管的真实体积是多少 mL？

知识链接

知识点7　提高分析结果准确度的方法

定量分析的目的就是要得到准确可靠的分析结果。要提高分析结果的准确度，必须针对误差产生的原因，采取相应的措施，以减小分析过程的误差。

一、选择合适的分析方法

为了使测定结果达到一定的准确度，满足实际分析工作的需要，先要选择合适的分析方法。例如对于高含量组分的测定，宜采用化学分析法来获得比较准确的结果；但对于低含量的样品，若用化学分析法是无法测量的，应该采用仪器分析法。

二、减小测量误差

在测定方法选定后，为了保证分析结果的准确度（$E_r \leq 0.1\%$），必须尽量减小测量误差。测量误差体现在质量和体积上。

在化学分析中，一般要求电子分析天平至少称量 0.2g；消耗滴定剂体积必须在 20mL 以上，一般常控制在 30～40mL，以保证误差小于 0.1%。

应该指出，对不同测定方法，测量的准确度只要与该方法的准确度相适应就可以了。

【想一想】两位分析者同时测定某一试样中硫的质量分数，称取试样均为 3.5g，分别报告结果如下，甲：0.042%，0.041%；乙：0.04099%，0.04201%。谁的报告是合理的？

三、增加平行测定次数，减小随机误差

在消除系统误差的前提下，平行测定次数愈多，平均值愈接近真实值。因此，增加测定次数可以减小随机误差。一般分析测定，平行测定 4～6 次即可。

四、消除测量过程中的系统误差

造成系统误差原因很多，应根据具体情况，采用不同的方法来检验和消除系统误差。

1. 对照试验

对照试验是检验系统误差的有效方法。进行对照试验时，常用已知准确结果的标准试样与被测试样一起进行对照试验，或用其他可靠的分析方法进行对照试验，也可由不同人员、不同单位进行对照试验。

2. 空白试验

所谓空白试验就是在不加试样的情况下，按照试样分析同样的操作和条件进行试验。试验所得结果称为空白值。从试样分析结果中扣除空白值后，就得到比较可靠的分析结果。

空白值一般不应很大，否则扣除空白时会引起较大的误差。当空白值较大时，就只好从提纯试剂和改用其他适当的器皿来解决问题。

3. 校准仪器

当允许的相对误差大于 1% 时，一般可不必校准仪器，在准确度要求较高的分析中，对所用的仪器如滴定管、移液管、容量瓶、天平砝码等，必须进行校准，求出校正值，并在计算结果时采用，以消除由仪器带来的误差。

4. 分析结果的校正

分析过程中的系统误差，有时可采用适当的方法进行校正，它是最有效的消除系统误差的方法。

 巩固提升

选择题

1. 下列措施可减小偶然误差的是（　　）。
  A. 校准砝码　　　　　　　　　　B. 进行空白试验
  C. 增加平行测定次数　　　　　　D. 进行对照试验

2. 在不加样品的情况下，用测定样品同样的方法、步骤，对空白样品进行定量分析，称之为（　　）。
  A. 对照试验　　B. 空白试验　　C. 平行试验　　D. 预试验

3. 滴定分析的相对误差一般要求 0.1%，滴定时耗用标准溶液的体积一般常控制在（　　）。
  A. 10mL 以下　　B. 10~15mL　　C. 30~40mL　　D. 50mL 以上

笔记区

评价反馈

各组汇报、展示成果,有疑难问题交流讨论。

综合评价表

班级			姓名		
工作任务					
评价指标	评价要素	分值	评分		
			自评	互评	师评
考勤(10%)	无迟到、早退、旷课现象	10			
职业素养考核(30%)	穿实验服、规范整洁	5			
	安全意识、责任意识、环保意识、服从意识	5			
	团队合作、与人交流能力	5			
	劳动纪律,诚信、敬业、科学、严谨	5			
	提出问题、分析问题、解决问题能力	5			
	工作现场管理符合6S标准	5			
专业能力考核(60%)	积极参加教学活动,按时完成学生工作活页	10			
	滴定管校准操作符合规范(每错1处,扣5分)	20			
	移液管校准操作符合规范(每错1次,扣5分)	20			
	移液管和容量瓶相对校准符合规范(每错1次,扣5分)	10			
总分					
总评	自评(20%)+互评(30%)+师评(50%)	综合等级	教师:		

任务八
直接法配制标准溶液

📋 任务描述

在产品质量检验中，标准溶液的浓度和消耗体积是计算待测组分含量的主要依据，分析人员所用标准溶液浓度的准确度是保证检测结果真实性重要的第一步，试想标准溶液不准确，检测结果肯定也不准确。因此，必须正确配制及妥善保存标准溶液。本任务中我们要完成 $c(\frac{1}{2}Na_2CO_3) = 0.1000 mol/L$ 标准溶液的配制。

🏅 学习目标

素质目标：具备实验室安全意识、"质量第一"的责任意识、团队合作意识、环保意识；具备良好的实验习惯、严谨的思维方法、实事求是的工作作风。

知识目标：掌握滴定分析标准滴定溶液的配制方法；掌握溶液配制的相关计算。

能力目标：能规范使用电子分析天平、容量瓶等分析仪器；能采用直接法制备标准溶液。

📖 任务书

1. 方法原理

用直接法配制标准滴定溶液，必须使用基准物质。准确称取一定质量的基准物质，溶解于适量水后定量转入容量瓶中，用水准确稀释至刻度定容。

2. 任务准备

无水碳酸钠、电子分析天平、容量瓶、烧杯、玻璃棒。

3. 实训操作

1000mL $c(\frac{1}{2}Na_2CO_3) = 0.1000 mol/L$ 标准溶液的配制。

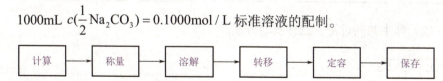

📋 获取资讯

问题1 什么是基准物质？基准物质应具备的条件有哪些？

问题2 标准溶液的配制方法有哪几种？

问题3 什么是标准滴定溶液？标准溶液的作用有哪些？

问题4 计算应称取碳酸钠多少克？如何称量？

问题5 NaOH、HCl 能否用直接法配制标准溶液，为什么？

工作计划

表：工作方案　　　　　　　　　　组别：

步骤	工作内容	负责人（任务分工）
1		
2		
3		
4		

表：仪器、试剂　　　　　　　　　　组别：

仪器	名称	试剂	名称

进行决策

（1）分组讨论计算所需试剂的用量、配制溶液所需仪器、配制流程，在下面的框中画出流程图或者实物简图，并分组派代表阐述流程。

（2）师生共同讨论，点评实验方案。

工作实施

（1）领用并检查仪器是否破损。
（2）领取试剂并配制溶液。

知识链接

知识点 8　标准滴定溶液的制备

在滴定分析中，标准滴定溶液的浓度和消耗体积是计算待测组分含量的主要依据。因此，对于标准滴定溶液，正确配制、准确确定其浓度和妥善保存，将直接关系到滴定分析结果的准确度。标准溶液的配制方法（参考《化学试剂 标准滴定溶液的制备》GB/T 601—2016）有直接法和间接法（标定法）两种。

1. 直接法

准确称取一定量的基准物质，经溶解后，定量转移于一定体积容量瓶中，用去离子水稀释至刻度。即可知标准溶液的准确浓度。

标准滴定溶液的制备

【例 1-8】精密称取经处理过的基准物质 Na_2CO_3 5.3000g，溶解后定量转移至 1000mL 容量瓶中，定容后摇匀，计算此标准溶液的浓度。

解：

$$c(\frac{1}{2}Na_2CO_3) = \frac{m(Na_2CO_3)}{M(\frac{1}{2}Na_2CO_3)} = \frac{5.3000g}{53.00g \cdot mol^{-1} \times 1L} = 0.1000(mol/L)$$

可用于直接配制标准溶液或标定溶液浓度的物质称为基准物质。作为基准物质必须具备以下条件：

（1）组成恒定并与化学式相符。若含结晶水，例如 $H_2C_2O_4 \cdot 2H_2O$、$Na_2B_4O_7 \cdot 10H_2O$ 等，其结晶水的实际含量也应与化学式严格相符。

（2）纯度足够高（达 99.9% 以上），杂质含量应低于分析方法允许的误差限。

（3）性质稳定，不易吸收空气中的水分和 CO_2，不分解，不易被空气所氧化。

（4）有较大的摩尔质量，以减少称量时相对误差。

（5）试剂参加滴定反应时，应严格按反应式定量进行，没有副反应。

表 1-25 列出了几种常用基准物质的干燥条件和应用范围。

表 1-25 常用基准物质的干燥条件和应用范围

基准物质名称	干燥后的组成	干燥条件	标定对象
无水碳酸钠	Na_2CO_3	270～300℃	酸
硼砂	$Na_2B_4O_7 \cdot 10H_2O$	放在含 NaCl 和蔗糖饱和溶液的干燥器中	酸
二水合草酸	$H_2C_2O_4 \cdot 2H_2O$	室温空气干燥	碱或 $KMnO_4$
邻苯二甲酸氢钾	$KHC_8H_4O_4$	110～120℃	碱
重铬酸钾	$K_2Cr_2O_7$	140～150℃	还原剂
碘酸钾	KIO_3	130℃	还原剂
草酸钠	$Na_2C_2O_4$	130℃	氧化剂
碳酸钙	$CaCO_3$	110℃	EDTA
氧化锌	ZnO	900～1000℃	EDTA
氯化钠	$NaCl$	500～600℃	$AgNO_3$

2. 标定法

用来配制标准滴定溶液的物质大多数是不能满足基准物质条件的，如 HCl、NaOH、$KMnO_4$、I_2、$Na_2S_2O_3$ 等试剂，它们不适合用直接法配制成标准溶液，需要采用标定法（又称间接法）。

先大致配成所需浓度的溶液（在规定浓度值的 5% 范围以内），然后用基准物质或另一种标准溶液来确定它的准确浓度，这种确定浓度的操作称为标定。过程如图 1-29 所示。

图 1-29　标定法制备标准滴定溶液过程

标准滴定溶液制备的一般规定

1. 除另有规定外，本标准所用试剂的级别应在分析纯（包含分析纯）以上，所用制剂及制品，应按 GB/T 603 的规定制备，实验用水应符合 GB/T 6682 中三级水的规格。

2. 本标准制备的标准滴定溶液的浓度，除高氯酸标准滴定溶液、盐酸-乙醇标准滴定溶液、亚硝酸钠标准滴定溶液 [c(NaNO$_2$)=0.5mol/L] 外，均指 20℃时的浓度。在标准滴定溶液标定、直接制备和使用时，若温度不为 20℃，应对标准滴定溶液的体积进行补正（见附录四）。规定"临用前标定"的标准滴定溶液，若标定和使用时的温度差异不大时，可以不进行补正。标准滴定溶液标定、直接制备和使用时所用电子分析天平、滴定管、单标线容量瓶、单标线吸管等按相关检定规程定期进行检定或校准。单线容量瓶，单标线吸管应有容量校正因子。

3. 在标定和使用标准滴定溶液时，滴定速度一般应保持在 6~8mL/min。

4. 称量工作基准试剂的质量小于等于 0.5g 时，按精确至 0.01mg 称量；大于 0.5g 时，按精确至 0.1mg 称量。

5. 制备标准滴定溶液的浓度应在规定浓度的 ±5% 范围以内。

6. 除另有规定外，标定标准滴定溶液的浓度时，需两人进行实验，分别各做四个平行实验，每人四平行标定结果相对极差不得大于相对重复性临界极差 [$CR_{0.95}$(4)=0.15%]，两人共八平行标定结果相对极差不得大于相对重复性临界极差 [$CR_{0.95}$(8)=0.18%]。在运算过程中保留 5 位有效数字，取两人八平行标定结果的平均值为标定结果，报出结果取 4 位有效数字。需要时，可采用比较法对部分标准滴定溶液的浓度进行验证。

7. 本标准中标准滴定溶液浓度的相对扩展不确定度不应大于 0.2%（k=2）。

8. 本标准使用工作基准试剂标定标准滴定溶液的浓度。当对标准滴定溶液浓度值的准确度有更高要求时，可使用标准物质（扩展不确定度应小于 0.05%）代替工作基准试剂进行标定或直接制备，并在计算标准滴定溶液浓度值时，将其质量分数代入计算式中。

9. 标准滴定溶液的浓度小于等于 0.02mol/L 时（除 0.02mol/L 乙二胺四乙酸二钠、氯化锌标准滴定溶液外），应于临用前将浓度高的标准滴定溶液用煮沸并冷却的水稀释（不含非水溶剂的标准滴定溶液），必要时重新标定。当需用本标准规定浓度以外的标准滴定溶液时，可参考本标准中相应标准滴定溶液的制备方法进行配制和标定。

10. 贮存

　　a. 除另有规定外，标准滴定溶液在 10～30℃下，密封保存时间一般不超过 6 个月；碘标准滴定溶液、亚硝酸钠标准滴定溶液 $[c(NaNO_2)=0.1mol/L]$ 密封保存时间为 4 个月；高氯酸标准滴定溶液、氢氧化钾–乙醇标准滴定溶液、硫酸铁（Ⅲ）铵标准滴定溶液密封保存时间为 2 个月。超过保存时间的标准滴定溶液进行复标定后可以继续使用。

　　b. 标准滴定溶液在 10～30℃下，开封使用过的标准滴定溶液保存时间一般不超过 2 个月（倾出溶液后立即盖紧）；碘标准滴定溶液、氢氧化钾–乙醇标准滴定溶液一般不超过 1 个月；亚硝酸钠标准滴定溶液 $[c(NaNO_2)=0.1mol/L]$ 一般不超过 15d；高氯酸标准滴定溶液开封后当天使用。

　　c. 当标准滴定溶液出现浑浊、沉淀、颜色变化等现象时，应重新制备。

11. 贮存标准滴定溶液的容器，其材料不应与溶液起理化作用，壁厚最薄处不小于 0.5mm。

12. 本标准中所用溶液以"%"表示的除"乙醇（95%）"外其他均为质量分数。

巩固提升

填空题

1. 基准物质的条件是：_____、_____、_____、_____。
2. 滴定液是指_____，又称为_____，一般具备___位有效数字。通常有_____和_____两种配制方法。
3. 滴定液的标定方法有_____、_____两种。标定 HCl 的基准物有_____和_____，标定 NaOH 的基准物有_____和_____。
4. 配制好的溶液应贴好标签，标签注明_____、_____和_____。
5. 常量滴定管的准确度是_____，读数时必须读至小数点后___位。

笔 记 区

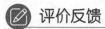 **评价反馈**

各组汇报、展示成果，有疑难问题交流讨论。

综合评价表

班级			姓名		
工作任务					
评价指标	评价要素	分值	评分		
			自评	互评	师评
考勤（10%）	无迟到、早退、旷课现象	10			
职业素养考核（30%）	穿实验服、规范整洁	5			
	安全意识、责任意识、环保意识、服从意识	5			
	团队合作、与人交流能力	5			
	劳动纪律，诚信、敬业、科学、严谨	5			
	提出问题、分析问题、解决问题能力	5			
	工作现场管理符合 6S 标准	5			
专业能力考核（60%）	积极参加教学活动，按时完成学生工作活页	10			
	电子分析天平使用符合规范（每错 1 处，扣 5 分）	10			
	容量瓶使用操作符合规范（每错 1 次，扣 5 分）	30			
	计算试剂用量正确（每错 1 处，扣 3 分）	10			
总分					
总评	自评（20%）+ 互评（30%）+ 师评（50%）	综合等级	教师：		

项目二

酸碱滴定分析技术

酸碱滴定法是以酸碱反应为基础，基于酸和碱之间进行质子传递的定量分析方法，又称为中和滴定法，是重要的滴定分析方法之一。酸碱滴定法在工农业生产和医药卫生等方面都有着非常重要的意义。现行国家标准中，凡涉及酸碱度项目测定的，多数采用酸碱滴定法。

本项目以三个工作任务为引领，进行理实一体化教学，拓展任务要求学生运用所学理论知识独立完成，并解决分析测定中出现的问题，出具检验报告单。

引领任务
任务一　NaOH 标准滴定溶液的制备
任务二　肥料中铵态氮含量的测定
任务三　食醋中总酸度的测定

拓展任务
任务四　HCl 标准滴定溶液的制备
任务五　混合碱的分析

任务一
NaOH 标准滴定溶液的制备

📋 任务描述

酸碱滴定法测定物质的含量，常使用 NaOH 和 HCl 标准滴定溶液，以 NaOH 标准滴定溶液的制备为主线进行学习，标定后的 NaOH 可以完成食醋中总酸度的测定、氮肥中铵态氮含量的测定等。

🎖 学习目标

素质目标：具备实验室安全意识、"质量第一"的责任意识、团队合作意识、环保意识；具备良好的实验习惯、严谨的思维方法、实事求是的工作作风。

知识目标：掌握 NaOH 标准滴定溶液制备的原理及计算。

能力目标：能规范使用碱式滴定管、电子分析天平等分析仪器；能采用间接

视频扫一扫

NaOH 标准滴定溶液的制备

法制备 NaOH 标准滴定溶液；能准确判定酚酞指示剂终点颜色；能准确书写数据记录和检验报告。

任务书

请你解读以下标准（GB/T601—2016），完成 NaOH 标准滴定溶液的制备任务，并出具检验报告单。

1. 方法原理

由于氢氧化钠具有很强的吸湿性，容易吸收空气中的水分及 CO_2，其中常含有 Na_2CO_3 及少量其他杂质，因此 NaOH 标准滴定溶液采用间接法配制，需先配制成接近所需浓度的溶液，然后再用基准物质标定其准确浓度。常用于标定标准滴定溶液浓度的基准物有邻苯二甲酸氢钾（$KHC_8H_4O_4$，缩写 KHP）与草酸（$H_2C_2O_4·2H_2O$）。GB/T 601—2016 标准中采用邻苯二甲酸氢钾，反应式为：

$$\text{邻苯二甲酸氢钾} + NaOH \longrightarrow \text{邻苯二甲酸钾钠} + H_2O$$

酚酞作指示剂，滴定至溶液由无色变为浅粉红色，30s 不褪，即为滴定终点。

2. 任务准备

（1）邻苯二甲酸氢钾（基准试剂）；

（2）氢氧化钠固体；

（3）酚酞指示剂（10g/L）：1g 酚酞溶于适量乙醇中，再稀释至 100mL。

3. 分析步骤

（1）配制　称取 110g 氢氧化钠，溶于 100mL 无二氧化碳的水中，摇匀，注入聚乙烯容器中，密闭放置至溶液清亮。按表 2-1 的规定量，用塑料管量取上层清液，用无二氧化碳的水稀释至 1000mL，摇匀。保存在带有橡胶塞的玻璃试剂瓶或塑料试剂瓶中，贴好标签。

表 2-1　NaOH 标准滴定溶液的配制用量

NaOH 标准滴定溶液的浓度 [c（NaOH）]/（mol/L）	NaOH 溶液的体积 V/mL
1	54
0.5	27
0.1	5.4

（2）标定　按表 2-2 的规定量，称取于 105～110℃电烘箱中干燥至恒重的工作基准试剂邻苯二甲酸氢钾，加无二氧化碳的水溶解，加 2 滴酚酞指示液（10g/L），用配制的氢氧化钠溶液滴定至溶液呈粉红色，并保持 30s。平行测定 4 次，同时做空白试验。

表 2-2　NaOH 标准滴定溶液的标定用量

NaOH 标准滴定溶液的浓度 $[c(\text{NaOH})]$ /(mol/L)	工作基准试剂邻苯二甲酸氢钾的质量 m/g	无二氧化碳水的体积 V/mL
1	7.5	80
0.5	3.6	80
0.1	0.75	50

氢氧化钠标准滴定溶液的浓度 $[c(\text{NaOH})]$，按下式计算：

$$c(\text{NaOH}) = \frac{m \times 1000}{(V_1 - V_2)M}$$

式中　m——邻苯二甲酸氢钾质量，单位为克（g）；

　　　V_1——氢氧化钠溶液体积，单位为毫升（mL）；

　　　V_2——空白试验消耗氢氧化钠溶液体积，单位为毫升（mL）；

　　　M——邻苯二甲酸氢钾的摩尔质量，单位为克每摩尔（g/mol）[M（$\text{KHC}_8\text{H}_4\text{O}_4$）=204.22g/mol]。

获取资讯

问题 1　标定标准滴定溶液浓度的基准物有邻苯二甲酸氢钾与草酸（$\text{H}_2\text{C}_2\text{O}_4 \cdot 2\text{H}_2\text{O}$）。写出草酸标定 NaOH 的反应方程式。

问题 2　标准滴定溶液有几种制备方法？氢氧化钠标准滴定溶液采用何种方法制备？

问题 3　什么是平行实验？如何完成？平行实验目的是什么？

问题 4　什么是空白实验？如何完成？空白实验目的是什么？

问题 5　标定结果的计算公式是什么？

问题 6　假设标定 0.1mol/L NaOH，依据称取基准物邻苯二甲酸氢钾的质量，预计消耗 NaOH 标准滴定溶液多少毫升？

工作计划

表：工作方案　　　　　　　　　　　　　　　组别：

步骤	工作内容	负责人（任务分工）
1		
2		
3		
4		

表：仪器、试剂　　　　　　　　　　组别：

仪器	名称	规格	试剂	名称	浓度	配制方法

进行决策

（1）分组讨论 NaOH 标准溶液配制、标定实施过程，画出流程图或者实物简图，并分组派代表阐述流程。

（2）师生共同讨论，选出最佳方案，在框中绘制流程图。

工作实施

（1）领用并检查仪器是否破损。
（2）领取试剂并配制溶液。
（3）牢记注意事项，按照最佳方案完成标定任务。

注意事项

① 配制饱和氢氧化钠溶液，应放置 7 天以上，使碳酸钠沉淀完全，再吸取上层清液配制氢氧化钠标准溶液。
② 注意锥形瓶编号，以免张冠李戴。
③ 近终点时不要剧烈摇动锥形瓶，以免吸收空气中的 CO_2。
④ 合理统筹安排时间，注意台面整洁。

笔记区

(4)数据记录并处理

班级：_____   姓名：_____   日期：_____

表：NaOH 标准滴定溶液的标定

项目	编号			
	1	2	3	4
基准物质量 m（KHP）/g				
滴定消耗 NaOH 体积 /mL				
空白消耗 NaOH 体积 /mL				
c（NaOH）/（mol·L^{-1}）				
$\bar{c}$（NaOH）/（mol·L^{-1}）				
相对极差 /%				

要求：以第一组数据为例写出计算公式及过程。

依据标定结果，分析本次标定引入的个人误差。

评价反馈

各组汇报、展示成果,有疑难问题交流讨论。

综合评价表

班级			姓名		
工作任务					
评价指标	评价要素	分值	评分		
			自评	互评	师评
考勤(10%)	无迟到、早退、旷课现象	10			
职业素养考核(30%)	穿实验服、规范整洁	5			
	安全意识、责任意识、环保意识、服从意识	5			
	团队合作、与人交流能力	5			
	劳动纪律,诚信、敬业、科学、严谨	5			
	提出问题、分析问题、解决问题能力	5			
	工作现场管理符合 6S 标准	5			
专业能力考核(60%)	积极参加教学活动,按时完成学生工作活页	10			
	滴定管、电子分析天平操作符合规范(每错 1 处,扣 5 分)	10			
	酚酞指示剂终点颜色判断准确(每错 1 次,扣 5 分)	20			
	规范记录数据,正确填写报告单,报出结果(每错 1 处,扣 3 分)	20			
总分					
总评	自评(20%)+ 互评(30%)+ 师评(50%)	综合等级	教师:		

知识链接

知识点 1　酸碱质子理论及酸度计算

一、酸碱质子理论

酸碱质子理论

酸碱质子理论定义：凡是能给出质子（H^+）的物质就是酸；凡是能接受质子的物质就是碱。这种理论不仅适用于以水为溶剂的体系，而且也适用于非水溶剂体系。

酸碱质子理论中的酸和碱不是孤立的，而是相互依存的。酸（HA）给出质子后生成了碱（A^-），碱（A^-）接受质子后生成了酸（HA）。酸和碱的这种相互依存的关系叫作共轭关系，可用下式表示。

酸碱半反应：HA $\rightleftharpoons$ H^+ + A^-（H^+ 与 A^- 称为共轭酸碱对）

常见的共轭酸碱对见表 2-3。

表 2-3　常见共轭酸碱对

酸	碱	酸	碱
HNO_3	NO_3^-	H_3PO_4	$H_2PO_4^-$
H_3O^+	H_2O	$H_2PO_4^-$	HPO_4^{2-}
H_2O	OH^-	HPO_4^{2-}	PO_4^{3-}

由此可见，酸碱可以是阳离子、阴离子，也可以是中性分子。酸碱半反应是不可能单独进行的，酸在给出质子的同时必定有另一种碱来接受质子。HCl 的水溶液之所以能表现出酸性，是由于 HCl 和水溶剂之间发生了质子转移反应。

水分子具有两性作用。水分子之间存在质子的传递作用，称为水的质子自递作用。这个作用的平衡常数称为水的质子自递常数，用 K_w 表示，即水的离子积，25℃时约等于 10^{-14}。

对于共轭酸碱对 HA-A^- 而言，其在水溶液中共轭酸碱对的 K_a、K_b 值之间满足：

$$K_a K_b = K_w$$

因此，对于共轭酸碱对来说，如果酸的酸性越强，则其对应共轭碱的碱性则越弱；反之，酸的酸性越弱，则其对应共轭碱的碱性则越强。

二、酸碱水溶液中 H^+ 浓度计算

酸度是影响水溶液的化学平衡最重要的因素之一，常用 H^+ 浓度表示溶液的酸度，因此溶液中 H^+ 的计算具有重要的实际意义。常见酸溶液计算 [H^+] 的简化公式见表 2-4。

表 2-4　常见酸溶液计算 [H⁺] 的简化公式

类别	计算公式	类别	计算公式
一元强酸	近似式：$[H^+]=c_a$	两性物质	酸式盐最简式：$[H^+]=\sqrt{K_{a_1}K_{a_2}}$
一元弱酸	最简式：$[H^+]=\sqrt{cK_a}$		弱酸弱碱盐最简式：$[H^+]=\sqrt{K_aK_a'}$
二元弱酸	最简式：$[H^+]=\sqrt{c_aK_{a_1}}$	缓冲溶液	最简式：$[H^+]=\dfrac{c_a}{c_b}\cdot K_a$

若需要计算强碱、一元弱碱以及二元弱碱等碱性物质的 pH 时，只需将计算式及使用条件中的 [H⁺] 和 K_a 相应地换成 [OH⁻] 和 K_b 即可。

三、酸碱缓冲溶液

酸碱缓冲溶液是一种在一定的程度和范围内对溶液酸度起到稳定作用的溶液。含有弱酸及其共轭碱或弱碱及其共轭酸的溶液体系加酸碱缓冲液后能够抵抗外加少量酸、碱或加水稀释，而本身 pH 基本保持不变。缓冲溶液的重要作用是控制溶液的 pH，常用缓冲溶液的配制见附录七。

1. 缓冲溶液的类型

缓冲溶液的类型见表 2-5。

表 2-5　缓冲溶液的类型

类型	举例
共轭酸碱对 HA-A⁻	HAc-NaAc 或 NH₃-NH₄Cl
高浓度的强酸或强碱	pH<2 或 pH>12 的溶液

2. 缓冲范围

缓冲溶液抵御少量酸碱的能力称为缓冲能力，缓冲溶液的缓冲能力有一定的限度。当加入酸或碱量较大时，缓冲溶液就失去缓冲能力。

实验表明，当 c_a/c_b 在 0.1 ~ 10 之间时，其缓冲能力可满足一般的实验要求，即 pH=pK_a±1 或 pOH=pK_b±1 为缓冲溶液的有效缓冲范围，超出此范围，则认为失去缓冲作用。当 c_a/c_b=1 时，缓冲能力最强。

知识点 2　酸碱指示剂

一、酸碱指示剂的作用原理

酸碱滴定分析中，一般利用酸碱指示剂颜色的变化来指示滴定终点。酸碱指示剂是一些有机弱酸或弱碱，这些弱酸或弱碱与其共轭碱或共轭酸具有不同的颜色。酸碱指示剂的作用过程如下。

视频扫一扫
酸碱指示剂

```
溶液中          结构发生变化        溶液颜色         指示终点
pH变化                            改变            到达
```

现以酚酞指示剂（简称 PP）为例加以说明。酚酞是一种有机弱酸，其 $K_a=6\times10^{-10}$，它在溶液中的离解平衡可用下式表示：

从离解平衡式可以看出，当溶液由酸性变化到碱性，平衡向右方移动，酚酞由酸式色转变为碱式色，溶液由无色变为红色；反之，由红色变为无色。

二、酸碱指示剂的变色范围

现以弱酸性指示剂 HIn 为例来讨论指示剂的变色与溶液 pH 值之间的定量关系。已知弱酸性指示剂 HIn 在溶液中的离解平衡为：

$$HIn \rightleftharpoons In^- + H^+$$

酸式色　　　　碱式色

$$K_{HIn}=\frac{[H^+][In^-]}{[HIn]} \quad 或 \quad \frac{[In^-]}{[HIn]}=\frac{K_{HIn}}{[H^+]}$$

式中，K_{HIn} 为指示剂的离解平衡常数，通常称为指示剂常数。

溶液的颜色就完全取决于溶液的 pH 值。如果用溶液的 pH 值表示，则可表示为：

$\dfrac{[In^-]}{[HIn]}<\dfrac{1}{10}$，pH＜p$K_{HIn}$−1 时，显酸式色；

$\dfrac{[In^-]}{[HIn]}>10$，pH＞pK_{HIn}+1 时，显碱式色；

$\dfrac{[In^-]}{[HIn]}=\dfrac{1}{10}\sim 10$ 时，pH 在（pK_{HIn}−1）～（pK_{HIn}+1）时，看到的是过渡色。

当 pH 在（pK_{HIn}−1）～（pK_{HIn}+1）之间时才能看到指示剂的颜色变化情况，故指示剂的变色范围为：pH=pK_{HIn}±1。例如，甲基红 p$K_{HIn}=5.0$，所以甲基红的理论变色范围为 pH=4.0～6.0。

由于人眼对各种颜色的敏感程度不同，加上两种颜色之间的相互影响，因此实际观察到的各种指示剂的变色范围并不都是 2 个 pH 单位，而是略有上下。例如，甲基橙的 p$K_{HIn}=3.4$，理论变色范围为 2.4～4.4，而实际变色范围为 3.1～4.4。这是由于人眼对红色比对黄色更为敏感。

指示剂的变色范围越窄越好,这样当溶液的pH稍有变化时,就能引起指示剂的颜色突变,这对提高测定的准确度是有利的。附录七中列出几种常用酸碱指示剂在室温下水溶液中的变色范围,供使用时参考。

三、影响指示剂变色范围的因素

(1)温度　温度的变化会引起指示剂离解常数的变化,因此,指示剂的变色范围也随之变动。一般说来,温度升高,指示剂的变色范围变宽。例如:甲基橙在室温下变色范围是 3.1~4.4,而在 100℃时为 2.5~3.7。因此,酸碱滴定一般在室温下使用这些指示剂。

(2)溶剂　指示剂在不同的溶液中,其变色点不同,必然会引起指示剂变色范围的改变。如甲基橙在水溶液中 pK_{HIn}=3.4,在甲醇溶液中 pK_{HIn}=3.8。

(3)指示剂的用量　无论是双色指示剂还是单色指示剂,用量过多或过少都会使终点变色不敏锐,而且本身也会多消耗滴定剂。不仅如此,用量过多,还会引起指示剂变色范围的移动。因此,酸碱指示剂的用量一定要适当,在能观察到指示剂明显变色的前提下,尽量少用指示剂,一般 20~50mL 溶液加 1~2 滴指示剂为宜。

(4)滴定程序　由于人眼对颜色的判断一般是由浅到深较为敏感,因此应按指示剂由浅变深的变化来设计滴定程序。例如:碱滴定酸,选择酚酞作指示剂;酸滴定碱,选择甲基橙作指示剂。

在某些酸碱滴定中,由于化学计量点附近 pH 值突跃小,使用单一指示剂确定终点无法达到所需要的准确度,这时可考虑选用变色范围窄、变色敏锐的混合指示剂。

四、混合指示剂

混合指示剂是利用颜色之间的互补作用,使变色范围变窄,从而使终点时颜色变化敏锐。它的配制方法一般有两种:一种是由两种或多种指示剂混合而成;另一种混合指示剂是在某种指示剂中加入一种惰性染料(其颜色不随溶液 pH 值的变化而变化),由于颜色互补使变色敏锐,但变色范围不变。

如:溴甲酚绿 – 甲基红组成的混合指示剂,两种单一指示剂和混合指示剂在不同 pH 值下的颜色变化如图 2-1 所示。

综上所述,混合指示剂变色明显,变色范围窄,对于终点的指示更精确。常用的混合指示剂见附录七。

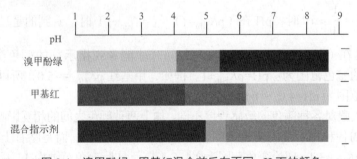

图 2-1　溴甲酚绿 - 甲基红混合前后在不同 pH 下的颜色

任务二
肥料中铵态氮含量的测定

任务描述

有一片种植玉米的庄稼地,施用了某化肥厂生产的一批硫酸铵肥料,结果出现植株生长矮小细弱,叶色变淡,花和果实少,成熟提早,产量、品质下降的现象。请你对施用的硫酸铵肥料中铵态氮含量进行测定,看是否合格,并出具检验报告单。

学习目标

素质目标: 具备实验室安全意识、"质量第一"的责任意识、团队合作意识、环保意识;具备良好的实验习惯、严谨的思维方法、实事求是的工作作风。

知识目标: 掌握硫酸铵肥料中铵态氮含量测定的原理及计算;掌握置换滴定方式的应用;了解甲醛的危害。

能力目标: 能进一步规范使用碱式滴定管、电子分析天平等分析仪器;能准确判定酚酞指示剂终点颜色;能准确书写数据记录和检验报告。

任务书

请你研读标准(GB/T 3600—2000),完成硫酸铵肥料中铵态氮含量的测定任务,并出具检验报告单。

1. 方法原理

在中性溶液中,铵盐与甲醛反应,定量生成$(CH_2)_6N_4H^+$(六亚甲基四胺的共轭酸)和H^+,反应中生成的酸用NaOH标准滴定溶液滴定。以酚酞为指示液,滴定至浅粉红色30s不褪即为终点。反应如下:

$$4NH_4^+ + 6HCHO == (CH_2)_6N_4H^+ + 3H^+ + 6H_2O$$
$$(CH_2)_6N_4H^+ + 3H^+ + 4OH^- == (CH_2)_6N_4 + 4H_2O$$

硫酸铵肥料中铵态氮含量的测定

2. 任务准备

(1) 硫酸标准滴定溶液:$c(1/2H_2SO_4)=0.1mol/L$;
(2) 氢氧化钠标准滴定溶液:$c(NaOH)=0.1mol/L$;
(3) 氢氧化钠标准滴定溶液:$c(NaOH)=0.5mol/L$;
(4) 甲醛溶液:250g/L;
(5) 甲基红指示液:1g/L;
(6) 酚酞指示液:10g/L;
(7) pH为8.5的颜色参比溶液。

在250mL锥形瓶中,加入15.15mL 0.1mol/L氢氧化钠标准滴定溶液、37.50mL 0.2mol/L硼酸-氯化钾溶液(称取6.138g硼酸和7.455g氯化钾,溶于水,移入 500mL 容量瓶中，稀释至刻度），再加入 1 滴甲基红指示剂溶液和 3 滴酚酞指示剂溶液，稀释至 150mL。

3. 分析步骤

称取 1g 试样于 250mL 锥形瓶中，精密称定，加 100～120mL 水溶解试样，再加 1 滴甲基红指示液，用 0.1mol/L 氢氧化钠标准滴定溶液或硫酸标准滴定溶液调节至溶液呈橙色。

用量筒加入 15mL 甲醛溶液至试样溶液中，摇动锥形瓶，使其充分反应，再加入 3 滴酚酞指示液，混匀。放置 5min，用 0.5mol/L 氢氧化钠标准滴定溶液滴定至 pH=8.5 的颜色参比溶液所呈现的颜色，经 1min 不消失（或滴定至 pH 计指示 pH 为 8.5）为终点。平行测定 3 次。同时做空白实验。

铵态氮含量，以氮（N）质量分数 ω 表示，按下式计算：

$$\omega(\%) = \frac{(V_2 - V_1) \times c \times 0.01401}{m} \times 100$$

式中　V_1——测定试料所消耗氢氧化钠标准滴定溶液的体积，mL；
　　　V_2——测定空白所消耗氢氧化钠标准滴定溶液的体积，mL；
　　　c——氢氧化钠标准滴定溶液的浓度，mol/L；
　　　0.01401——与 1.00mL 氢氧化钠标准滴定溶液 [c（NaOH）=1.000mol/L] 相当的以克表示的氮的质量；
　　　m——试料的质量，g。

取平行测定结果的算术平均值为测定结果。

允许差：平行测定的绝对差值不大于 0.06%；不同实验室测定结果的绝对差值不大于 0.08%。

📖 获取资讯

问题 1　试液中加入甲醛溶液后，为什么要放置 5min？
问题 2　本法中加入甲醛的作用是什么？为什么需使用中性甲醛？
问题 3　查阅资料介绍甲醛的危害。本实验中如何科学使用甲醛试剂？
问题 4　配制 c（1/2H_2SO_4）=0.1mol/L 的溶液 500mL，应取浓硫酸多少毫升？写出配制过程。

📅 工作计划

表：工作方案　　　　　　　　　　　　　组别：

步骤	工作内容	负责人（任务分工）
1		
2		
3		
4		

表：仪器、试剂　　　　　　　　　　组别：

仪器	名称	规格	试剂	名称	浓度	配制方法

📋 进行决策

（1）分组讨论硫酸铵中铵态氮含量测定过程，画出流程图或者实物简图，并分组派代表阐述流程。

（2）师生共同讨论，选出最佳方案，绘制如下：

🧑‍🔧 工作实施

（1）领用并检查仪器是否破损。
（2）领取试剂并配制溶液。
（3）牢记注意事项，按照最佳方案完成测定任务。

注意事项

① 市售 40% 甲醛中含有少量的甲酸，使用前必须先以酚酞为指示剂，用氢氧化钠溶液中和，否则会使测定结果偏高。
② 甲醛具有致癌性，在通风橱内使用，做好个人防护。
③ 注意锥形瓶编号，以免张冠李戴。

笔记区

(4) 数据记录并处理

班级：_____ 姓名：_____ 日期：_____

表：硫酸铵肥料中铵态氮含量的测定

项目	编号			
	1	2	3	4
硫酸铵试样质量 m/g				
滴定消耗 NaOH 体积 /mL				
空白消耗 NaOH 体积 /mL				
c(NaOH)/mol·L^{-1}				
ω(N)/%				
$\bar{\omega}$(N)/%				
相对极差 /%				

要求：以第一组数据为例写出计算公式及过程。

依据测定结果，分析本次测定引入的个人误差。

评价反馈

各组汇报、展示成果,有疑难问题交流讨论。

综合评价表

班级			姓名		
工作任务					
评价指标	评价要素	分值	评分		
			自评	互评	师评
考勤(10%)	无迟到、早退、旷课现象	10			
职业素养考核(30%)	穿实验服、规范整洁	5			
	安全意识、责任意识、环保意识、服从意识	5			
	团队合作、与人交流能力	5			
	劳动纪律,诚信、敬业、科学、严谨	5			
	提出问题、分析问题、解决问题能力	5			
	工作现场管理符合6S标准	5			
专业能力考核(60%)	积极参加教学活动,按时完成学生工作活页	10			
	滴定管、电子分析天平操作符合规范(每错1处,扣5分)	10			
	酚酞终点颜色判断准确(每错1次,扣5分)	20			
	规范记录数据,正确填写报告单,报出结果(每错1处,扣3分)	20			
总分					
总评	自评(20%)+互评(30%)+师评(50%)	综合等级	教师:		

知识点 3 　酸碱滴定基本原理

在酸碱滴定过程中，溶液中随着滴定剂的加入，溶液酸度逐渐变化。只有了解不同类型酸碱滴定过程中溶液酸度的变化规律，才能选择合适的指示剂，正确指示滴定终点。

在滴定过程中用来描述加入不同量标准滴定溶液（或不同中和百分数）时溶液 pH 值变化的曲线称为酸碱滴定曲线。

酸碱滴定基本原理

一、一元酸碱的滴定

1. 强碱滴定强酸

反应原理　　　　　　　　$OH^- + H^+ = H_2O$

现以 0.1000mol/L NaOH 溶液滴定 20.00mL 0.1000mol/L HCl 溶液为例进行讨论。

（1）绘制滴定曲线

① 滴定开始前（$V=0$）　溶液的 pH 值由此时 HCl 溶液的酸度决定。即

$$[H^+] = 0.1000 \text{mol/L}$$
$$pH = 1.00$$

② 滴定开始至化学计量点前（$V<V_0$）　溶液的 pH 值由剩余 HCl 溶液的酸度决定。

例如，滴入 NaOH 溶液 19.98mL 时（产生 –0.1% 相对误差），溶液中剩余 HCl 0.02mL，

$$[H^+] = \frac{0.1000 \times 0.02}{20.00 + 19.98} = 5.00 \times 10^{-5} (\text{mol/L})$$
$$pH = 4.30$$

③ 滴定至化学计量点时（$V=V_0$）　溶液的 pH 值由体系产物的离解决定。此时溶液中的 HCl 全部被 NaOH 中和，溶液呈中性，即

$$[H^+] = [OH^-] = 1.00 \times 10^{-7} \text{mol/L}$$
$$pH = 7.00$$

④ 滴定至化学计量点后（$V>V_0$）　溶液的 pH 值由过量的 NaOH 浓度决定。

例如，加入 NaOH 溶液 20.02mL 时（产生 +0.1% 相对误差），此时溶液中 [OH^-] 为

$$[OH^-] = \frac{0.1000 \times 0.02}{20.00 + 20.02} = 5.00 \times 10^{-5} (\text{mol/L})$$
$$pOH = 4.30；pH = 9.70$$

用类似方法可计算出滴定过程中加入任意体积 NaOH 时溶液的 pH 值，列于表 2–6 中。

表 2-6　用 0.1000mol/L NaOH 溶液滴定 20.00mL 0.1000mol/L HCl 溶液时 pH 值的变化

加入 NaOH 溶液 /mL	HCl 溶液被滴定分数 /%	剩余 HCl 溶液 /mL	过量 NaOH 溶液 /mL	[H⁺]	pH 值	
0.00	0.00	20.00		1.00×10^{-1}	1.00	
18.00	90.00	2.00		5.26×10^{-3}	2.28	
19.80	99.00	0.20		5.02×10^{-4}	3.30	
19.98	99.90	0.02		5.00×10^{-5}	4.30	突跃范围
20.00	100.00	0.00		1.00×10^{-7}	7.00	
20.02	100.1		0.02	2.00×10^{-10}	9.70	
20.20	101.0		0.20	2.01×10^{-11}	10.70	
22.00	110.0		2.00	2.10×10^{-12}	11.68	
40.00	200.0		20.00	5.00×10^{-13}	12.52	

（2）滴定曲线的形状和滴定突跃　以溶液的 pH 值为纵坐标，以 NaOH 的加入量（或滴定分数）为横坐标，可绘制出强碱滴定强酸的滴定曲线，如图 2-2 所示，可把滴定曲线大致分为三个区域。

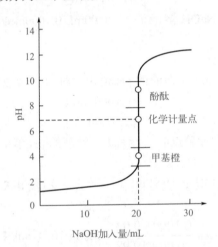

图 2-2　0.1000mol/L NaOH 溶液滴定 0.1000mol/L HCl 溶液滴定曲线

① 酸缓冲区：此区域的特征是随着滴定剂的加入，体系 pH 值的变化缓慢。NaOH 加入 18mL，而体系的 pH 值仅仅改变 1.28 个单位。

② 滴定突跃区：此区域的特征是当滴定百分数从 99.9% 变化至 100.1%，体系的 pH 值发生了突变，从 pH=4.3 突变至 pH=9.7，这种 pH 值的突然改变称为滴定突跃。突跃所在的 pH 值范围称滴定突跃范围。

③ 碱缓冲区：此区域的特征是随着过量滴定剂的加入，体系 pH 值的变化趋于平缓。这是因为随着过量 NaOH 溶液浓度的增大，强碱的缓冲容量增大，滴定曲线趋于平坦。

滴定的突跃大小还必然与被滴定物质及标准溶液的浓度有关。一般说来，酸碱浓度增大 10 倍，则滴定突跃范围就增加 2 个 pH 单位；反之，若酸碱浓度减小 10 倍，则滴定突跃范围就减少 2 个 pH 单位。不同浓度的强碱滴定强酸的滴定曲线如图 2-3 所示。

（3）指示剂的选择　滴定突跃是选择指示剂的依据，凡变色点的 pH 值处于滴定突跃范围内的指示剂均适用。选择指示剂的原则：一是指示剂的变色范围全

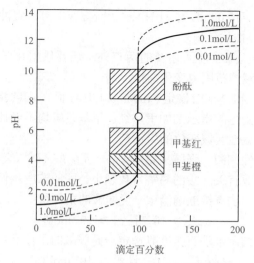

图 2-3　不同浓度的强碱滴定强酸的滴定曲线

部或部分地落入滴定突跃范围内；二是指示剂的变色点尽量靠近化学计量点。

> 【想一想】用 0.1000mol/L HCl 标准滴定溶液滴定 20.00mL 0.1000mol/L NaOH 溶液，滴定曲线形状是什么样的？选择何种指示剂？

2. 强碱滴定一元弱酸

现以 0.1000mol/L NaOH 溶液滴定 20.00mL 0.1000mol/L HAc 溶液为例进行讨论。

反应原理　　　　　$OH^- + HA \rightleftharpoons A^- + H_2O$

（1）滴定曲线及指示剂的选择　依次计算出滴定过程中溶液的 pH 值，然后绘制滴定曲线，如图 2-4 所示。由图 2-4 可以看出，强碱滴定弱酸的突跃范围是 7.76～9.70，且主要集中在弱碱性区域，其化学计量点是 pH=8.73，溶液也不是呈中性而呈弱碱性。

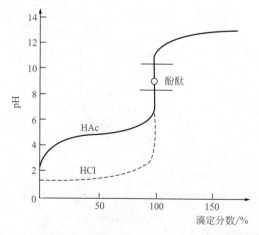

图 2-4　0.1mol/L NaOH 滴定 0.1mol/L HAc 滴定曲线

当 V(NaOH)=10.00mL 时,[HAc]/[NaAc]=1,缓冲能力最强。在其附近 pH 值变化缓慢,曲线较平坦。

指示剂的选择:除了前面述及的两点外,还要依据化学计量点溶液的 pH,定性选择在酸性或碱性范围内变色的指示剂。

对于用 0.1000mol/L NaOH 滴定 0.1000mol/L HAc 而言,其突跃范围为 7.76~9.70。因此,在酸性区域变色的指示剂如甲基红、甲基橙等均不能使用,而只能选择酚酞、百里酚蓝等在碱性区域变色的指示剂。

(2) 滴定可行性判断　强碱(酸)滴定一元弱酸(碱)突跃范围与弱酸(碱)的浓度及其离解常数有关。酸的离解常数越小,酸的浓度越低,则滴定突跃范围也就越小。用指示剂法直接准确滴定一元弱酸的条件是:

$$c_0K_a \geqslant 10^{-8} \text{ 且 } c_0 \geqslant 10^{-3} \text{mol/L}$$

同理,能够用指示剂法直接准确滴定一元弱碱的条件是:

$$c_0K_b \geqslant 10^{-8} \text{ 且 } c_0 \geqslant 10^{-3} \text{mol/L}$$

注意:弱酸和弱碱之间不能相互滴定,因为没有明显的滴定突跃,无法用一般的酸碱指示剂确定滴定终点。因此,在酸碱滴定中,都以强酸强碱作为标准滴定溶液。

二、多元酸碱的滴定

多元酸碱的滴定比一元酸碱的滴定复杂,这是因为如果考虑能否直接准确滴定的问题,就意味着必须考虑两种情况:一是能否滴定酸或碱的总量,二是能否分步滴定。

经实验证明,多元酸的滴定可按下述原则判断:

① 当 $c_aK_{a1} \geqslant 10^{-8}$ 时,这一级离解的 H^+ 可以被直接滴定;

② 当 $c_aK_{a1} \geqslant 10^{-8}$,$c_aK_{a2} \geqslant 10^{-8}$,$K_{a1}/K_{a2} \geqslant 10^5$ 时,出现两个滴定突跃,可分步滴定;

③ 当 $c_aK_{a1} \geqslant 10^{-8}$,$c_aK_{a2} \geqslant 10^{-8}$,$K_{a1}/K_{a2} < 10^5$ 时,出现一个滴定突跃,不可分步滴定。

0.1000mol/L NaOH 滴定 20.00mL 0.1000mol/L 二元弱酸 H_2A 溶液滴定曲线如图 2-5 所示。滴定过程如下:

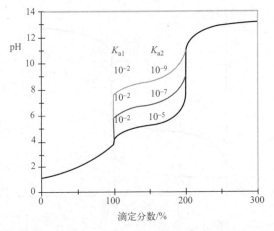

图 2-5　0.1mol/L NaOH 滴定同浓度二元弱酸 H_2A 的滴定曲线

$$H_2A \xrightarrow[\text{第一步}]{OH^-} HA^- \xrightarrow[\text{第二步}]{OH^-} A^{2-}$$

0.1000mol/L HCl 滴定 20.00mL 0.1000mol/L 二元弱碱 Na_2CO_3 溶液滴定曲线如图 2-6 所示。其滴定反应为：

$$HCl + Na_2CO_3 = NaHCO_3 + NaCl$$

$$HCl + NaHCO_3 = NaCl + H_2O + CO_2 \uparrow$$

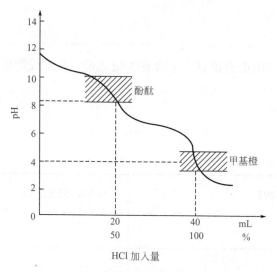

图 2-6　0.1mol/L HCl 滴定同浓度 Na_2CO_3 的滴定曲线

> 第一化学计量点，产物为 $NaHCO_3$，此时溶液 pH 约为 8.34，可以选择碱性区域变色的指示剂，如酚酞为指示剂滴定终点。
>
> 第二化学计量点，产物为 H_2CO_3，此时溶液近似为碳酸饱和溶液，pH 约为 3.89，可选用酸性区域变色的指示剂，如甲基橙或溴甲酚绿-甲基红为指示剂滴定终点。

任务三
食醋中总酸度的测定

📋 任务描述

现有一瓶食用白醋，标签上写明 3.5°，但现在已经过了保质期三个月，请你运用自己所学的酸碱滴定知识，测定出该食醋的总酸度。

🏅 学习目标

素质目标：具备实验室安全意识、"质量第一"的责任意识、团队合作意识、环保意识；具备良好的实验习惯、严谨的思维方法、实事求是的工作作风。

知识目标：巩固酸碱滴定法的基本原理；掌握食醋中总酸度的测定原理及计算方法。

能力目标：能规范使用滴定管、电子分析天平等容量分析仪器；能准确判定酚酞指示剂终点颜色；能正确地设计实验步骤，学会正确地配制相关溶液；能依据实验设计数据表格等内容；能准确书写数据记录和检验报告。

视频扫一扫

食醋中总酸度的测定

任务书

请小组合作设计实验过程，完成此项任务，并出具检验报告单。实验原理、仪器和试剂、分析步骤、数据处理均由学生自行设计。

任务提示：① 食醋的主要组分是乙酸，此外还含有少量其他弱酸如乳酸等。以乙酸（g/100mL）来表示其含量。② 浓度较大时，滴定前要适当稀释。请选择合适的稀释倍数。

获取资讯

乙酸（3.5g/100mL），即指每 100mL 食醋试样中含有 3.5g 乙酸，换算成物质的量浓度近似为多少？

工作计划

表：工作方案　　　　　　　　　　组别：

步骤	工作内容	负责人（任务分工）
1		
2		
3		
4		

表：仪器、试剂　　　　　　　　　　组别：

仪器	名称	规格	试剂	名称	浓度	配制方法

进行决策

（1）分组讨论食醋中总酸度的测定过程，画出流程图或者实物简图，并分组派代表阐述流程。

（2）师生共同讨论，选出最佳方案，绘制如下：

工作实施

(1) 领用并检查仪器是否破损。
(2) 领取试剂并配制溶液。
(3) 按照最佳方案完成测定任务。
(4) 总结实验注意事项。
(5) 数据记录并处理（自行设计数据表格）。

笔记区

评价反馈

各组汇报、展示成果,有疑难问题交流讨论。

综合评价表

班级			姓名		
工作任务					
评价指标	评价要素	分值	评分		
			自评	互评	师评
考勤(10%)	无迟到、早退、旷课现象	10			
职业素养考核(30%)	穿实验服、规范整洁	5			
	安全意识、责任意识、环保意识、服从意识	5			
	团队合作、与人交流能力	5			
	劳动纪律,诚信、敬业、科学、严谨	5			
	提出问题、分析问题、解决问题能力	5			
	工作现场管理符合 6S 标准	5			
专业能力考核(60%)	积极参加教学活动,按时完成学生工作活页	10			
	滴定管、电子分析天平、移液管、容量瓶操作符合规范(每错1处,扣5分)	10			
	酚酞终点颜色判断准确(每错1次,扣5分)	20			
	规范记录数据,正确填写报告单,报出结果(每错1处,扣3分)	20			
总分					
总评	自评(20%)+互评(30%)+师评(50%)	综合等级	教师:		

知识链接

知识点 4 滴定分析中的计算

一、计算依据：等物质的量规则计算

等物质的量规则是指对于一定的化学反应，如选定适当的基本单元（物质 B 在反应中的转移质子数或得失电子数为 Z_B 时，基本单元选 $1/Z_B$），滴定到达化学计量点时，被测组分 B 的物质的量就等于所消耗标准滴定溶液 A 的物质的量。即

$$n(\frac{1}{Z_B}B) = n(\frac{1}{Z_A}A) \qquad (2-1)$$

如在酸性溶液中用 $K_2Cr_2O_7$ 标准滴定溶液滴定 Fe^{2+} 时，滴定反应为

$$Cr_2O_7^{2-}+6Fe^{2+}+14H^+ = 2Cr^{3+}+6Fe^{3+}+7H_2O$$

$K_2Cr_2O_7$ 的电子转移数为 6，以 $1/6K_2Cr_2O_7$ 为基本单元；Fe^{2+} 的电子转移数为 1，以 Fe^{2+} 为基本单元，则

$$n(1/6K_2Cr_2O_7) = n(Fe^{2+})$$

本书主要采用等物质的量规则进行有关计算，运用该规则要注意正确选择基本单元。标准溶液基本单元一般规定见表 2-7。

表 2-7 标准溶液基本单元一般规定

滴定方法	标准溶液	基本单元	备注
酸碱滴定法	NaOH	NaOH	滴定或结合一个 H^+
配位滴定法	EDTA	EDTA	
氧化还原滴定法	$K_2Cr_2O_7$	$1/6K_2Cr_2O_7$	电子转移
	$KMnO_4$	$1/5KMnO_4$	
	$Na_2S_2O_3$	$Na_2S_2O_3$	
	$KBrO_3$	$1/6KBrO_3$	
沉淀滴定法	$AgNO_3$	$AgNO_3$	

二、滴定分析中的计算实例

滴定分析中的计算主要包括基准物质的称量计算、标准滴定溶液浓度计算、待测组分含量计算。

（一）基准物质的称量计算

【例 2-1】现有配制的 0.1mol/L HCl 溶液，若用基准试剂 Na_2CO_3 标定其浓度，试计算 Na_2CO_3 的称量范围。

解：用 Na_2CO_3 标定 HCl 溶液浓度的反应为

$$2HCl + Na_2CO_3 = 2NaCl + CO_2\uparrow + H_2O$$

Na_2CO_3 的基本单元为 $1/2Na_2CO_3$。

$$n(1/2Na_2CO_3) = n(HCl)$$

则

$$\frac{m(Na_2CO_3)}{M(\frac{1}{2}Na_2CO_3)} = \frac{c(HCl)V(HCl)}{1000}$$

$$m_{Na_2CO_3} = c(HCl)V(HCl)M(1/2Na_2CO_3)/1000$$

为保证标定的准确度，HCl 溶液的消耗体积一般在 20~30mL 之间。
当 HCl 溶液的消耗体积在 20mL 时，计算 m_1=0.1×(20/1000)×53.00g/mol=0.11g;
当 HCl 溶液的消耗体积在 30mL 时，计算 m_2=0.1×(30/1000)×53.00g/mol=0.16g;
可见为保证标定的准确度，基准试剂 Na_2CO_3 的称量范围应在 0.11~0.16g。

（二）标准滴定溶液浓度计算

【例 2-2】 称取基准物草酸（$H_2C_2O_4 \cdot 2H_2O$）0.2002g，来标定 0.1 mol/L NaOH 标准滴定溶液，消耗了 NaOH 溶液 31.12mL，计算 NaOH 标准溶液的准确浓度。

解：按题意滴定反应为

$$2NaOH + H_2C_2O_4 = Na_2C_2O_4 + 2H_2O$$

$H_2C_2O_4$ 的基本单元为 $1/2H_2C_2O_4$

$$c(NaOH) = \frac{1000m(H_2C_2O_4 \cdot 2H_2O)}{M(\frac{1}{2}H_2C_2O_4 \cdot 2H_2O)V(NaOH)}$$

$$c(NaOH) = \frac{1000 \times 0.2002}{1/2 \times 126.1 \times 31.12} mol/L = 0.1020 mol/L$$

答：该 NaOH 溶液的摩尔浓度为 0.1020mol/L。

（三）不同滴定方式待测组分含量计算

若设测得试样中待测组分 B 的质量为 m_B（g），则待测组分 B 的质量分数 ω_B 为

$$\omega_B = \frac{m_B}{m_s} \times 100$$

按等物质的量规则

$$\omega_B = \frac{c(\frac{1}{Z_A}A)V_A M(\frac{1}{Z_B}B)}{m_s} \times 100\% \qquad (2-2)$$

1. 直接滴定法含量计算

【例 2-3】 用 $c(1/2H_2SO_4)$=0.2020mol/L 的硫酸标准滴定溶液测定 Na_2CO_3 试样的含量时，称取 0.2009g Na_2CO_3 试样，消耗 18.32mL 硫酸标准滴定溶液，求试样中 Na_2CO_3 的质量分数。已知 $M(Na_2CO_3)$=106.0g/mol。

解：滴定反应式为

$$H_2SO_4 + Na_2CO_3 = Na_2SO_4 + CO_2\uparrow + H_2O$$

H_2SO_4 和 Na_2CO_3 基本单元分别取 $1/2H_2SO_4$、$1/2Na_2CO_3$。则

$$\omega_{H_2SO_4} = \frac{c(1/2H_2SO_4)V(H_2SO_4)M(1/2Na_2CO_3)}{m_s \times 1000} \times 100\%$$

$$\omega_{H_2SO_4} = \frac{0.2020 \times 18.32 \times 1/2 \times 106.0}{1000 \times 0.2009} \times 100\% = 97.63\%$$

答：试样中 Na_2CO_3 的质量分数为 97.62%。

【例 2-4】称取铁矿石试样 0.3143g 溶于酸并将 Fe^{3+} 还原为 Fe^{2+}。用 $c(1/6K_2Cr_2O_7) = 0.1200$ mol/L 的 $K_2Cr_2O_7$ 标准滴定溶液滴定，消耗 $K_2Cr_2O_7$ 溶液 21.30mL。计算试样中 Fe_2O_3 的质量分数。已知 $M(Fe_2O_3) = 159.7$ g/mol。

解：滴定反应为

$$Cr_2O_7^{2-} + 6Fe^{2+} + 14H^+ = 2Cr^{3+} + 6Fe^{3+} + 7H_2O$$

按等物质的量规则 $n(1/2Fe_2O_3) = n(1/6K_2Cr_2O_7)$

则

$$\omega_{Fe_2O_3} = \frac{c(1/6K_2Cr_2O_7)V(K_2Cr_2O_7)M(\frac{1}{2}Fe_2O_3)}{m_s \times 1000} \times 100\%$$

代入数据得

$$\omega_{Fe_2O_3} = \frac{0.1200 \times 21.30 \times 1/2 \times 159.7}{0.3143 \times 1000} \times 100\% = 64.94\%$$

答：试样中 Fe_2O_3 的质量分数为 64.94%。

2. 间接滴定法含量计算

【例 2-5】检验某病人血液中的钙含量，取 2.00mL 血液稀释后，用 $(NH_4)_2C_2O_4$ 溶液处理，使 Ca^{2+} 生成 CaC_2O_4 沉淀，沉淀经过滤、洗涤后，溶解于强酸中，然后用 $c(1/5KMnO_4) = 0.0500$ mol/L 的 $KMnO_4$ 溶液滴定，用去 1.20mL，试计算此血液中钙的含量。

解：此题采用间接法对被测组分进行滴定，因此应从几个反应中寻找被测物的量与滴定剂之间的关系。按题意，测定经如下几步：

$$Ca^{2+} \xrightarrow{C_2O_4^{2-}} CaC_2O_4\downarrow \xrightarrow{H^+} H_2C_2O_4 \xrightarrow{KMnO_4 + H^+} CO_2\uparrow$$

$$5C_2O_4^{2-} + 2MnO_4^- + 16H^+ = 10CO_2 + 2Mn^{2+} + 8H_2O$$

$KMnO_4$ 的基本单元为 $1/5KMnO_4$，钙的基本单元为 $1/2Ca^{2+}$。根据等物质的量规则，有

$$n(1/2Ca^{2+}) = n(1/2H_2C_2O_4) = n(1/5KMnO_4)$$

$$\rho_{Ca} = \frac{c(\frac{1}{5}KMnO_4)V(KMnO_4)M(\frac{1}{2}Ca)}{V_s}$$

$$\rho_{Ca} = \frac{0.0500 \times 1.20 \times \frac{1}{2} \times 40.08}{2.00} = 0.601 \text{g/L}$$

答：此血液中钙的含量为 0.601g/L。

3. 置换滴定法含量计算

【例 2-6】精密称取漂白粉试样 1.5025g，加水溶解，加入过量碘化钾，用硫酸酸化后，析出的 I_2 用 0.1012mol/L $Na_2S_2O_3$ 标准滴定溶液进行滴定，终点时消耗 17.25mL，求试样中有效氯的含量（以 Cl_2 表示）。

解：
$$Cl_2 + 2I^- = 2Cl^- + I_2$$
$$I_2 + 2S_2O_3^{2-} = S_4O_6^{2-} + 2I^-$$

Cl_2 的基本单元为 $1/2Cl_2$，按等物质的量规则 $n(Na_2S_2O_3) = n(1/2Cl_2)$

则
$$\omega_{Cl_2}(\%) = \frac{c(Na_2S_2O_3)V(Na_2S_2O_3)M(\frac{1}{2}Cl_2)}{m_s \times 1000} \times 100\%$$

代入数据得
$$\omega_{Cl_2}(\%) = \frac{0.1012 \times 17.25 \times 1/2 \times 70.096}{1.5025 \times 1000} \times 100\% = 4.07\%$$

答：试样中有效氯的含量为 4.07%。

4. 返滴定法含量计算

【例 2-7】将 0.2497g CaO 试样溶于 25.00mL $c(HCl) = 0.2803$mol/L 的 HCl 溶液中，剩余酸用 $c(NaOH) = 0.2786$mol/L NaOH 标准滴定溶液返滴定，消耗 11.64mL NaOH 标准滴定溶液。求试样中 CaO 的质量分数。已知 $M(CaO) = 56.077$g/mol。

解：测定中涉及的反应式为
$$CaO + 2HCl = CaCl_2 + H_2O$$
$$HCl + NaOH = NaCl + H_2O$$

按题意，CaO 的量是所用 HCl 的总量与返滴定所消耗的 NaOH 的量之差。

即
$$\omega_{CaO}(\%) = \frac{[c(HCl)V(HCl) - c(NaOH)V(NaOH)] \times M(1/2CaO)}{m_s \times 1000} \times 100\%$$

代入数据得
$$\omega_{CaO}(\%) = \frac{(0.2803 \times 25.00 - 0.2786 \times 11.64) \times 1/2 \times 56.077}{0.2497 \times 1000} \times 100\% = 42.27\%$$

答：试样中 CaO 的质量分数为 42.27%。

任务四

HCl 标准滴定溶液的制备

视频扫一扫

盐酸标准滴定溶液的制备

任务描述

以 HCl 标准滴定溶液为主线拓展任务，此任务完全由大家独立自主完成，包括基准物质的称量、预消耗计算等。但要注意滴定终点颜色的控制，可以预实验反复训练正确地判断终点后再进行标定。标定后的 HCl 溶液可以用来测定混合碱、药用硼砂、蛋壳中碳酸钙含量等。

学习目标

素质目标：具备实验室安全意识、"质量第一"的责任意识、团队合作意识、环保意识；具备良好的实验习惯、严谨的思维方法、实事求是的工作作风。

知识目标：掌握 HCl 标准滴定溶液制备的原理及计算。

能力目标：能规范使用酸式滴定管、电子分析天平等分析仪器；能采用间接法制备 HCl 标准滴定溶液；能准确判定溴甲酚绿-甲基红指示剂终点颜色；能准确书写数据记录和检验报告。

任务书

请你研读标准（GB/T 601—2016），完成 HCl 标准滴定溶液的制备任务，并出具检验报告单。

1. 方法原理

盐酸标准滴定溶液，一般用间接法配制，即先配制成接近所需浓度的溶液，然后再用基准物质标定其准确浓度。常用于标定 HCl 标准滴定溶液浓度的基准物有无水碳酸钠（Na_2CO_3）与硼砂（$Na_2B_4O_7 \cdot 10H_2O$）。反应式：

$$Na_2CO_3 + 2HCl = 2NaCl + H_2O + CO_2\uparrow$$

用溴甲酚绿-甲基红混合指示剂滴定至暗红色。

2. 任务准备

（1）浓盐酸（密度 1.19g/mL）；
（2）溴甲酚绿-甲基红混合液指示剂；
（3）无水 Na_2CO_3 基准物质。

3. 分析步骤

（1）配制　按表 2-8 的规定量，量取盐酸，注入 1000mL 水中，摇匀。

表 2-8　盐酸标准滴定溶液的配制用量

盐酸标准滴定溶液的浓度 $c(HCl)/(mol/L)$	盐酸的体积 V/mL
1	90
0.5	45
0.1	9

（2）标定　按表 2-9 的规定量，称取于 270~300℃高温炉中灼烧至恒重的工作基准试剂无水碳酸钠，溶于 50mL 水中，加 10 滴溴甲酚绿-甲基红指示液，用配制的盐酸溶液滴定至溶液由绿色变为暗红色，煮沸 2min，加盖具钠石灰管的橡胶塞，冷却，继续滴定至溶液再呈暗红色。平行测定 4 次，同时做空白试验。

表 2-9 盐酸标准滴定溶液的标定用量

盐酸标准滴定溶液的浓度 $c(\text{HCl})$ /(mol/L)	工作基准试剂无水碳酸钠的质量 m/g
1	1.9
0.5	0.95
0.1	0.2

盐酸标准滴定溶液的浓度 $c(\text{HCl})$，按下式计算：

$$c(\text{HCl}) = \frac{m \times 1000}{(V_1 - V_2)M}$$

式中　m——无水碳酸钠质量，g；

　　　V_1——盐酸溶液体积，mL；

　　　V_2——空白试验消耗盐酸溶液体积，mL；

　　　M——无水碳酸钠的摩尔质量，g/mol，$M(1/2\text{Na}_2\text{CO}_3)$ =53g/mol。

获取资讯

问题1　常用于标定标准滴定溶液浓度的基准物有无水碳酸钠和硼砂（$\text{Na}_2\text{B}_4\text{O}_7\cdot 10\text{H}_2\text{O}$）。写出硼砂标定 HCl 的反应方程式。

【硼砂简介】硼砂容易提纯，且不易吸水，由于其摩尔质量大，因此直接称取单份基准物作标定时，称量误差相当小。应把它保存在相对湿度为 60% 的恒湿器中。

问题2　盐酸标准滴定溶液采用何种方法制备？为什么？

问题3　配制 200mL 溴甲酚绿-甲基红指示液（三份 0.1% 溴甲酚绿乙醇溶液＋一份 0.2% 甲基红乙醇溶液），如何配制？

问题4　加热煮沸的目的是什么？

问题5　注意观察实验过程锥形瓶中溶液颜色的变化，并分析变化的原因。

问题6　标定结果的计算公式是什么？

工作计划

表：工作方案　　　　　　　　　　　　　　　组别：

步骤	工作内容	负责人（任务分工）
1		
2		
3		
4		

表：仪器、试剂　　　　　　　　　　组别：

仪器	名称	规格	试剂	名称	浓度	配制方法

进行决策

（1）分组讨论 HCl 标准溶液配制、标定实施过程，画出流程图或者实物简图，并分组派代表阐述流程。

（2）师生共同讨论，选出最佳方案，绘制如下：

工作实施

（1）领用并检查仪器是否破损。
（2）领取试剂并配制溶液。
（3）牢记注意事项，按照最佳方案完成标定任务。

注意事项

① 干燥至恒重的无水 Na_2CO_3 有吸湿性，因此宜采用减量法。
② 称取，并应迅速称量。
③ 近终点时要煮沸溶液，以避免由于溶液中 CO_2 过饱和而造成假终点。
④ 近终点时不要剧烈摇动锥形瓶，以免吸收空气中的 CO_2。
⑤ 合理统筹安排时间，注意台面整洁。

笔记区

（4）数据记录并处理

班级：_____ 姓名：_____ 日期：_____

表：HCl标准滴定溶液的标定

项目	编号			
	1	2	3	4
基准物质量 m（碳酸钠）/g				
滴定消耗 HCl 溶液的体积 /mL				
空白消耗 HCl 溶液的体积 /mL				
c（HCl）/mol·L^{-1}				
$\bar{c}$（HCl）/mol·L^{-1}				
相对极差 /%				

要求：以第一组数据为例写出计算公式及过程。

依据标定结果，分析本次标定引入的个人误差。

任务五 混合碱的分析

任务描述

工业用氢氧化钠由于在保存过程中具有吸湿性，致使其纯度下降，产生 Na_2CO_3，或者 Na_2CO_3 保存不当，也会引入 $NaHCO_3$，所以要检测 $NaOH$、Na_2CO_3、$NaHCO_3$ 含量。本任务采用双指示剂法测定混合碱。要求误差在 1% 以内。

视频扫一扫

混合碱的分析

学习目标

素质目标：具备实验室安全意识、"质量第一"的责任意识、团队合作意识、环保意识；具备良好的实验习惯、严谨的思维方法、实事求是的工作作风。

知识目标：掌握双指示剂法测定混合碱含量的原理及计算。

能力目标：能进一步规范使用酸式滴定管、电子分析天平等分析仪器；能准确判定酚酞、甲基橙指示剂终点颜色；能准确书写数据记录和检验报告。

任务书

请你解读以下标准，完成混合碱含量的测定任务，并出具检验报告单。

1. 任务准备

（1）混合碱试样；
（2）甲基橙指示剂：0.5g/L 水溶液；
（3）酚酞指示剂：10g/L 乙醇溶液；
（4）HCl 标准溶液：$c(HCl)=0.1mol/L$。

2. 分析步骤

（1）准确称取混合碱试样 1.5~2.0g，定容于 250mL 容量瓶中，用水稀释至刻度线，充分摇匀。

（2）准确移取试液 25.00mL 于 250mL 锥形瓶中，加入 2 滴酚酞指示剂，用盐酸标准溶液滴定，边滴加边充分摇动（避免局部 Na_2CO_3 直接被滴至 H_2CO_3），滴定至溶液由红色恰好褪至无色为止，此时即为 ep_1，记下所消耗 HCl 标准溶液体积 V_1。然后再加 2 滴甲基橙指示剂，继续用上述盐酸标准溶液滴定至溶液由黄色恰好变为橙色，即为 ep_2，记下所消耗 HCl 标准溶液的体积 V_2，平行测定三次。计算试样中各组分的含量。

获取资讯

问题 1 什么是双指示剂法？
问题 2 混合碱含量的测定原理是什么？

问题 3　如何判断混合碱的组成?

工作计划

表：工作方案　　　　　　　　　　　　　　　　　　组别：

步骤	工作内容	负责人（任务分工）
1		
2		
3		
4		

表：仪器、试剂　　　　　　　　　　　　　　　　　组别：

	名称	规格		名称	浓度	配制方法
仪器			试剂			

进行决策

（1）分组讨论混合碱含量测定过程，画出流程图或者实物简图，并分组派代表阐述流程。

（2）师生共同讨论，选出最佳方案，绘制如下：

工作实施

（1）领用并检查仪器是否破损。

（2）领取试剂并配制溶液。

（3）牢记注意事项，按照最佳方案完成测定任务。

注意事项

① 混合碱试样容易吸收 CO_2，称量时操作要迅速。

② 在第一终点滴完后的锥形瓶中加甲基橙，立即滴 V_2。千万不能在三个锥形瓶先分别滴 V_1，再分别滴 V_2。

③ 在到达第一终点前，不要因为滴定速度过快，造成溶液中 HCl 局部过浓，引起 CO_2 的损失，带来较大的误差，滴定速度亦不能太慢，摇动要均匀。

④ 临近第二终点时，一定要充分摇动，以防止形成 CO_2 的过饱和溶液而使终点提前。

笔记区

（4）数据记录并处理

班级：_____　　姓名：_____　　日期：_____

表：混合碱含量的测定

项目			编号			
			1	2	3	4
混合碱的质量 /g						
混合碱溶液的体积 /mL			25.00	25.00	25.00	25.00
HCl 标准滴定溶液的浓度 /mol·L^{-1}						
HCl 溶液的体积	第一终点读数 /mL					
	第二终点读数 /mL					
	实际体积	V_1/mL				
		V_2/mL				
混合碱溶液的组成		ω_1/%				
		$\overline{\omega}_1$/%				
		ω_2/%				
		$\overline{\omega}_2$/%				

要求：以第一组数据为例写出计算公式及过程。

依据测定结果，分析本次测定引入的个人误差。

相关知识

混合碱测定方法——双指示剂法

混合碱的组分主要有：NaOH、Na_2CO_3、$NaHCO_3$，由于 NaOH 与 $NaHCO_3$ 不可能共存，因此混合碱的组成为 NaOH 与 Na_2CO_3 的混合物，或者为 Na_2CO_3 与 $NaHCO_3$ 的混合物。下面主要讨论双指示剂法。

双指示剂法：采用两种指示剂——酚酞和甲基橙，得到两个滴定终点的方法。

1. 烧碱中 NaOH 和 Na_2CO_3 含量的测定

用电子分析天平准确称取一定量的试样，以酚酞为指示剂，用 HCl 标准溶液滴定至第一终点 pH=8.34，再继续加入甲基橙并滴定到第二终点 pH=3.89。前后两次消耗 HCl 标准溶液体积分别为 V_1 和 V_2。滴定过程如图 2-7 所示。

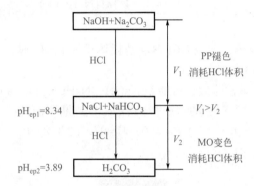

图 2-7 烧碱中 NaOH 和 Na_2CO_3 含量测定过程

由图 2-7 可知，根据反应的化学计量关系，消耗的体积 $V_1>V_2$，滴定 NaOH 消耗的 HCl 溶液的体积为 (V_1-V_2)，滴定 Na_2CO_3 用去的 HCl 体积为 $2V_2$。若混合碱试样质量为 m_s，则

$$\omega(\text{NaOH},\%) = \frac{c(\text{HCl})(V_1 - V_2)M(\text{NaOH})}{m_s} \times 100\% \quad (2-3)$$

$$\omega(\text{Na}_2\text{CO}_3,\%) = \frac{2c(\text{HCl})V_2 M(\frac{1}{2}\text{Na}_2\text{CO}_3)}{m_s} \times 100\% \quad (2-4)$$

由以上可进行反推，即当 $V_1>V_2$ 时，可判断混合碱组成为 NaOH 和 Na_2CO_3。

双指示剂法虽然操作简便，但是由于酚酞是由粉红色变到无色，误差在 1% 左右。

2. 饼干中 Na_2CO_3 和 $NaHCO_3$ 含量的测定

滴定过程如图 2-8 所示，消耗的 HCl 标准溶液的体积为 $V_1<V_2$。

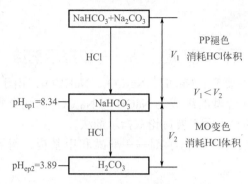

图 2-8 饼干中 Na_2CO_3 和 $NaHCO_3$ 含量测定过程

$$\omega(Na_2CO_3,\%) = \frac{2c(HCl)V_1M(\frac{1}{2}Na_2CO_3)}{m_s} \times 100\% \quad (2-5)$$

$$\omega(NaHCO_3,\%) = \frac{c(HCl)(V_2-V_1)M(NaHCO_3)}{m_s} \times 100\% \quad (2-6)$$

由以上可进行反推，即当 HCl 溶液消耗体积为 $V_1<V_2$ 时，可判断混合碱组成为 Na_2CO_3 和 $NaHCO_3$。

【练一练】有一碱性溶液，可能是 NaOH、$NaHCO_3$ 或 Na_2CO_3 的混合物，或其中两者的混合物，用双指示剂法进行测定，试判断下面几组溶液的组成。

（1）$V_1=0$，$V_2 \neq 0$　（2）$V_1 \neq 0$，$V_2=0$　（3）$V_1=V_2 \neq 0$　（4）$V_1>V_2>0$
（5）$V_2>V_1>0$

视频扫一扫

非水溶液酸碱滴定法

> ## 学习要点
>
> **一、酸碱质子理论及酸度计算**
>
> （1）酸碱质子理论　$HA \rightleftharpoons H^+ + A^-$　$pK_a+pK_b=pK_w$（共轭酸碱性质）
> 水的离子积常数 $K_w=[H^+][OH^-]=10^{-14}$
> （2）常见酸溶液计算 $[H^+]$ 的简化公式。
> （3）缓冲范围 $pH=pK_a \pm 1$。
>
> **二、酸碱指示剂**
>
> （1）指示剂作用原理：pH 变化引起指示剂结构变化，从而导致溶液颜色变化。
> （2）指示剂变色范围 $pH=pK_a \pm 1$，常见酸碱指示剂变色范围：MO、PP、MR 变色范围。
> （3）影响指示剂变色范围的因素：温度、溶剂、指示剂用量、滴定程序。
> （4）混合指示剂：使变色范围变窄，从而使终点颜色变化敏锐。
>
> **三、酸碱滴定基本原理**
>
> （1）酸碱滴定曲线和滴定突跃
> 滴定突跃：化学计量点前后 0.1% 处对应的 pH 范围。

(2) 酸碱指示剂的选择方法

a. 指示剂的变色范围全部或部分地落入滴定突跃范围内。

b. 定量计算化学计量点的溶液 pH，使指示剂变色点尽量靠近化学计量点。

c. 定性选择在酸性范围或碱性范围内变色的指示剂。

(3) 弱酸（碱）滴定可行性判断

溶液	满足条件
一元弱酸弱碱	$cK_a \geq 10^{-8}$ 或 $cK_b \geq 10^{-8}$ 且 $c > 10^{-3}$ mol/L
多元弱酸弱碱（分步滴定可行性判断）	$cK_{a1} \geq 10^{-8}$, $cK_{a2} \geq 10^{-8}$ 且 $K_{a1}/K_{a2} \geq 10^5$ $cK_{b1} \geq 10^{-8}$, $cK_{b2} \geq 10^{-8}$ 且 $K_{b1}/K_{b2} \geq 10^5$

四、滴定分析中的计算

(1) 滴定剂 A 与被测组分 B 根据等物质的量规则计算

$$n_A = n_B;\quad c_A V_A = c_B V_B;$$

$$\frac{m_A}{M_A} = c_B V_B;\quad \omega_B(\%) = \frac{c(\frac{1}{Z_A}A)V_A M(\frac{1}{Z_B}B)}{m_s} \times 100\%$$

(2) 注意使用正确的基本单元，学会有效数字的正确运用。

巩固提升

一、选择题

1. 酸碱滴定曲线直接描述的内容是（ ）。
   A. 指示剂的变色范围　　　　　　B. 滴定过程中 pH 变化规律
   C. 滴定过程中酸碱浓度变化规律　　D. 滴定过程中酸碱体积变化规律

2. 用 0.1mol/L NaOH 滴定 0.1 mol/L HAc（pK_a=4.7）时的 pH 突跃范围为 7.76~9.70，由此可以推断用 0.1mol/L NaOH 滴定 pK_a 为 3.7 的 0.1mol/L 某一元酸的 pH 突跃范围为（ ）。
   A. 6.7~8.7　　　B. 6.7~9.7　　　C. 8.7~10.7　　　D. 7.7~10.7

3. 用 0.1000mol/L NaOH 标准溶液滴定同浓度的 $H_2C_2O_4$（K_{a1}=5.9×10^{-2}、K_{a2}=6.4×10^{-5}）时，有几个滴定突跃，应选用何种指示剂（ ）。
   A. 两个突跃，甲基橙（pK_{HIn}=3.40）
   B. 两个突跃，甲基红（pK_{HIn}=5.00）
   C. 一个突跃，溴百里酚蓝（pK_{HIn}=7.30）
   D. 一个突跃，酚酞（pK_{HIn}=9.10）

4. 双指示剂法测混合碱，加入酚酞指示剂时，消耗 HCl 标准滴定溶液体积为 15.20mL；加入甲基橙作指示剂，继续滴定又消耗了 HCl 标准溶液 25.72mL，那么溶液中存在（　　）。

  A. NaOH+Na_2CO_3 B. Na_2CO_3+$NaHCO_3$
  C. $NaHCO_3$ D. Na_2CO_3

  5. 某碱液为 NaOH 和 Na_2CO_3 的混合液，用 HCl 标准滴定溶液滴定，先以酚酞为指示剂，耗去 HCl 溶液 V_1mL，继续以甲基橙为指示剂，又耗去 HCl 溶液 V_2mL。V_1 与 V_2 的关系是（　　）。

  A. $V_1=V_2$ B. $V_1=2V_2$ C. $V_1 > V_2$ D. $V_1 < V_2$

二、填空题

  1. 根据酸碱质子理论，凡能给出质子（H^+）的物质是_____，凡能接受质子（H^+）的物质是_____。酸碱反应的实质是_____。

  2. 质子理论认为，HAc 是_____，它给出质子后，剩下的 Ac^- 对于质子具有一定的亲和力，能接受质子，因而是一种_____。

  3. $H_2PO_4^-$ 的共轭酸是_____，而 HPO_4^{2-} 的共轭酸是_____。

  4. 酸碱滴定中指示剂的选择原则是_____和_____。

  5. 弱酸可以被强碱直接进行滴定的判别式是_____。

三、计算题

  1. 若称取邻苯二甲酸氢钾 0.6002g，用以标定 NaOH 溶液浓度，到达化学计量点时消耗 NaOH 溶液 30.20mL，求 NaOH 溶液的准确浓度。

  2. 将基准物 Na_2CO_3 在 300℃灼烧后，称取 Na_2CO_3 1.6098g 用水溶解并稀释至 100.0mL，准确吸取 25.00mL 溶液，以溴甲酚绿－甲基红为指示剂，用 HCl 滴定至终点时消耗 30.00mL，计算 HCl 标准滴定溶液的浓度。

  3. 准确称取 1.8000g 铵盐试样，溶解后定量转移到 250mL 的容量瓶中定容。准确移取 25.00mL 试液，加入中性甲醛溶液和酚酞指示剂后，用 c（NaOH）=0.1200mol/L 的 NaOH 溶液滴定到终点，消耗 NaOH 标准滴定溶液 19.37mL。求试样中氮的质量分数。M（N）=14.01g/mol。［涉及的反应式：$4NH_4^+ + 6HCHO =$（CH_2）$_6N_4H^+ + 3H^+ + 6H_2O$，（CH_2）$_6N_4H^+ + 3H^+ + 4OH^- =$（$CH_2$）$_6N_4 + 4H_2O$］

  4. 在 1.000g $CaCO_3$ 中加入 0.5100mol/L HCl 溶液 50.00mL，再用 c（NaOH）=0.3721mol/L NaOH 溶液回滴过量的 HCl，消耗 NaOH 溶液 25.00mL，求 $CaCO_3$ 的纯度。已知 M（$CaCO_3$）=100.1g/mol。

  5. 称取混合碱试样 0.6839g，以酚酞作为指示剂，用 0.2000mol/L 的 HCl 标准溶液滴定至终点，用去 HCl 溶液 23.10mL，再加入甲基橙指示剂，继续滴定至终点，又耗去了 HCl 溶液 26.81mL，求混合碱的组成以及各组分含量。M（Na_2CO_3）=106.0g/mol，M（$NaHCO_3$）=84.01g/mol。

项目三

配位滴定分析技术

配位滴定法是以生成稳定的配合物反应为基础的滴定分析方法,也称络合滴定法。配位滴定中最常用的配位剂是EDTA,所以配位滴定法又称EDTA滴定法。EDTA作为标准滴定溶液可以测定工业硫酸铝中的铝含量、保险丝中的铅含量、自来水硬度、硫酸镍中的镍含量、钙制剂中的钙含量等。

配位滴定法与酸碱滴定法有许多相似之处,学习时可对照比较,但配位滴定中也有自身的特点,内容更复杂。配位反应在分析化学中应用广泛,有关理论和实践知识是化学分析重要的内容之一。

本教学项目以三个工作任务为引领,进行理实一体化教学,学生要能够依据国家标准或技术规范独立完成以下拓展任务及能力考核,出具检验报告单。

引领任务	拓展任务
任务一　EDTA 标准滴定溶液的制备 任务二　自来水硬度的测定 任务三　铅铋混合液的连续测定	任务四　食品添加剂硫酸铝钾含量的测定 任务五　化学试剂六水合硫酸镍含量的测定

任务一
EDTA 标准滴定溶液的制备

📖 任务描述

EDTA 难溶于水,通常采用其二钠盐($Na_2H_2Y \cdot 2H_2O$)配制标准滴定溶液。该标准溶液常用间接方法配制。即先把 EDTA 配成接近所需浓度的溶液,常用的浓度是 0.01~0.1mol/L,然后用基准物质标定。标定好的标准溶液可以用来测定多种金属离子。

配制好的 EDTA 溶液应贮存在聚乙烯塑料瓶或硬质玻璃瓶中。若贮存在软质玻璃瓶中,EDTA 会不断地溶解玻璃中的 Ca^{2+}、Mg^{2+} 等离子形成配合物,使溶

视频扫一扫

EDTA 标准滴定溶液的制备

液浓度不断降低。

学习目标

素质目标：具备实验室安全意识、"质量第一"的责任意识、团队合作意识、环保意识；具备良好的实验习惯、严谨的思维方法、实事求是的工作作风。

知识目标：掌握 EDTA 标准滴定溶液制备的原理及计算；掌握 EDTA 与金属离子配位特点。

能力目标：能规范使用酸式滴定管、电子分析天平等分析仪器；能采用直接法和间接法制备 EDTA 标准滴定溶液；能准确判定铬黑 T 指示剂终点颜色；能准确书写数据记录和检验报告。

任务书

请你解读以下标准（GB/T 601—2016），完成 EDTA 标准滴定溶液的制备任务，并出具检验报告单。

1. 方法原理

常用于标定 EDTA 标准滴定溶液浓度的基准物有氧化锌、碳酸钙、氧化镁、铜片等。标准中采用基准物氧化锌标定 EDTA 溶液。反应式为：

$$Zn^{2+}+H_2Y^{2-}=ZnY^{2-}+2H^+$$

溶液酸度控制在 pH=10（加 NH_3–NH_4Cl 缓冲溶液），以铬黑 T 为指示剂，终点由紫色变为纯蓝色。

2. 任务准备

（1）EDTA 二钠盐（$Na_2H_2Y \cdot 2H_2O$）；

（2）HCl：20%；

（3）氨水：10%；

（4）NH_3–NH_4Cl 缓冲溶液：pH=10；

（5）铬黑 T：5g/L；

（6）基准试剂氧化锌：于 800℃±50℃的高温炉中灼烧至恒重。

3. 分析步骤

（1）间接法

① 配制。按表 3-1 的规定量，称取乙二胺四乙酸二钠，加 1000mL 水，加热溶解，冷却，摇匀。

表 3-1　乙二胺四乙酸二钠标准滴定溶液的配制用量

乙二胺四乙酸二钠标准滴定溶液的浓度 [c（EDTA）]/（mol/L）	乙二胺四乙酸二钠的质量 m/g
0.1	40
0.05	20
0.02	8

② 标定

a. 乙二胺四乙酸二钠标准滴定溶液［c（EDTA）=0.1mol/L、c（EDTA）=0.05mol/L］。按表 3-2 的规定量，称取于 800℃±50℃ 的高温炉中灼烧至恒重的工作基准试剂氧化锌，用少量水湿润，加 2mL 盐酸溶液（20%）溶解，加 100mL 水，用氨水溶液（10%）将溶液 pH 值调至 7~8，加 10mL 氨-氯化铵缓冲溶液（pH≈10）及 5 滴铬黑 T 指示液（5g/L），用配制的乙二胺四乙酸二钠溶液滴定至溶液由紫色变为纯蓝色。同时做空白试验。

表 3-2 乙二胺四乙酸二钠标准滴定溶液的标定用量

乙二胺四乙酸二钠标准滴定溶液的浓度 ［c（EDTA）］/（mol/L）	工作基准试剂氧化锌的质量 m/g
0.1	0.3
0.05	0.15

乙二胺四乙酸二钠标准滴定溶液的浓度［c（EDTA）］，按下式计算：

$$c(\text{EDTA}) = \frac{m \times 1000}{(V_1 - V_2)M}$$

式中　m——氧化锌质量，单位为克（g）；

V_1——乙二胺四乙酸二钠溶液体积，单位为毫升（mL）；

V_2——空白试验消耗乙二胺四乙酸二钠溶液体积，单位为毫升（mL）；

M——氧化锌的摩尔质量，单位为克每摩尔（g/mol）［M（ZnO）=81.408g/mol］。

b. 乙二胺四乙酸二钠标准滴定溶液［c（EDTA）=0.02mol/L］。称取 0.42g 于 800℃±50℃ 的高温炉中灼烧至恒重的工作基准试剂氧化锌，用少量水湿润，加 3mL 盐酸溶液（20%）溶解，移入 250mL 容量瓶中，稀释至刻度，摇匀。从容量瓶中取 35.00~40.00mL，加 70mL 水，用氨水溶液（10%）将溶液 pH 值调至 7~8，加 10mL 氨-氯化铵缓冲溶液（pH≈10）及 5 滴铬黑 T 指示液（5g/L），用配制的乙二胺四乙酸二钠溶液滴定至溶液由紫色变为纯蓝色。同时做空白试验。

乙二胺四乙酸二钠标准滴定溶液的浓度「c（EDTA）］，按下式计算：

$$c(\text{EDTA}) = \frac{m \times \dfrac{V_1}{250} \times 1000}{(V_2 - V_3)M}$$

式中　m——氧化锌质量，单位为克（g）；

V_1——氧化锌溶液体积，单位为毫升（mL）；

V_2——乙二胺四乙酸二钠溶液体积，单位为毫升（mL）；

V_3——空白试验消耗乙二胺四乙酸二钠溶液体积，单位为毫升（mL）；

M——氧化锌的摩尔质量，单位为克每摩尔（g/mol）［M（ZnO）=81.408g/mol］。

（2）直接法

按表 3-3 的规定量，称取在硝酸镁饱和溶液恒湿器中放置 7d 后的工作基准试剂乙二胺四乙酸二钠，溶于热水中，冷却至室温，移入 1000mL 容量瓶中，稀释至刻度。

表 3-3 直接法乙二胺四乙酸二钠标准滴定溶液用量

乙二胺四乙酸二钠标准滴定溶液的浓度 $[c(\text{EDTA})]$ / (mol/L)	工作基准试剂乙二胺四乙酸二钠的质量 m/g
0.1	37.22±0.50
0.05	18.61±0.50
0.02	7.44±0.30

乙二胺四乙酸二钠标准滴定溶液的浓度 $[c(\text{EDTA})]$，按下式计算：

$$c(\text{EDTA}) = \frac{m \times 1000}{VM}$$

式中　m——乙二胺四乙酸二钠质量，单位为克（g）；

　　　V——乙二胺四乙酸二钠溶液体积，单位为毫升（mL）；

　　　M——乙二胺四乙酸二钠的摩尔质量，单位为克每摩尔（g/mol）[M（EDTA）=372.24g/mol]。

获取资讯

问题 1　EDTA 标准滴定溶液有几种制备方法？直接法制备 EDTA 标准溶液的过程是什么？

问题 2　EDTA 的浓度分别为 0.02mol/L、0.05mol/L、0.1mol/L 时，用氧化锌为基准物质标定的操作过程有何不同？

问题 3　EDTA 标准滴定溶液通常使用乙二胺四乙酸二钠，而不使用乙二胺四乙酸，为什么？

问题 4　配制好的 EDTA 标准溶液应如何保存？

工作计划

表：工作方案　　　　　　　　组别：

步骤	工作内容	负责人（任务分工）
1		
2		
3		
4		

表：仪器、试剂　　　　　　　　组别：

仪器	名称	规格	试剂	名称	浓度	配制方法

进行决策

（1）分组讨论 EDTA 标准溶液配制、标定实验过程，画出流程图或者实物简图，并分组派代表阐述流程。

（2）师生共同讨论，选出最佳方案，绘制如下：

工作实施

（1）领用并检查仪器是否破损。
（2）领取试剂并配制溶液。
（3）牢记注意事项，按照最佳方案完成制备任务。

注意事项

① 滴定前加入指示剂后立即滴定。不要三份同时加入指示剂后再一份一份地滴定，这样会因指示剂在水溶液中不稳定而造成颜色变化不正常。

② 滴加（1+1）氨水调整溶液酸度时要逐滴加入，且边加边摇动锥形瓶，防止滴加过量，以出现浑浊为限。滴加过快时，可能会使浑浊立即消失，误以为还没有出现浑浊。

③ 在配位滴定中，为了保证水的质量，常用二次蒸馏水或去离子水来配制溶液。若配制溶液的蒸馏水中含有 Al^{3+}、Fe^{3+}、Cu^{2+} 等，会使指示剂封闭，影响终点观察。

④ 为了使测定结果具有较高的准确度，标定的条件与测定的条件应尽可能相同。在可能的情况下，最好选用被测元素的纯金属或化合物为基准物质。

笔记区

（4）数据记录并处理

班级：_____ 姓名：_____ 日期：_____

表：EDTA 标准滴定溶液的标定

项目	编号			
	1	2	3	4
基准物质量 $m(\text{ZnO})$ /g				
滴定消耗 EDTA 体积 /mL				
空白消耗 EDTA 体积 /mL				
$c(\text{EDTA})$ /mol·L^{-1}				
$\bar{c}(\text{EDTA})$ /mol·L^{-1}				
相对极差 /%				

要求：以第一组数据为例写出计算公式及过程。

依据标定结果，分析本次标定引入的个人误差。

评价反馈

各组汇报、展示成果,有疑难问题交流讨论。

综合评价表

班级			姓名		
工作任务					
评价指标	评价要素	分值	评分		
			自评	互评	师评
考勤(10%)	无迟到、早退、旷课现象	10			
职业素养考核(30%)	穿实验服、规范整洁	5			
	安全意识、责任意识、环保意识、服从意识	5			
	团队合作、与人交流能力	5			
	劳动纪律,诚信、敬业、科学、严谨	5			
	提出问题、分析问题、解决问题能力	5			
	工作现场管理符合 6S 标准	5			
专业能力考核(60%)	积极参加教学活动,按时完成学生工作活页	10			
	滴定管、电子分析天平操作符合规范(每错 1 处,扣 5 分)	10			
	铬黑 T 指示剂终点颜色判断准确(每错 1 次,扣 5 分)	20			
	规范记录数据,正确填写报告单,报出结果(每错 1 处,扣 3 分)	20			
总分					
总评	自评(20%)+ 互评(30%)+ 师评(50%)	综合等级	教师:		

知识链接

知识点 1　EDTA 标准滴定溶液

EDTA（ethylene diaminete tetraacetic acid）是乙二胺四乙酸，是一种有机配位剂，结构如图 3-1 所示。

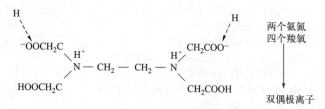

图 3-1　EDTA（乙二胺四乙酸）的结构

EDTA 与金属离子结合时有六个配位原子（含有 2 个氨氮 和 4 个羧氧

$-\overset{O}{\underset{\|}{C}}-O-$ 配位原子，几乎能与所有金属离子配位），可形成五个五元螯合环，十分稳定。因此，它具有很强的络合性能，是常用的络合滴定剂和掩蔽剂。EDTA 简介见表 3-4。

表 3-4　EDTA 简介

简称	EDTA	
对应物质	乙二胺四乙酸（H_4Y）	乙二胺四乙酸二钠盐（$Na_2H_2Y \cdot 2H_2O$）
物理性质	白色无水结晶粉末，室温时溶解度较小（22℃时溶解度为 0.02g/100mL），难溶于酸和有机溶剂，易溶于碱或 NH_3 溶液中形成相应盐	白色结晶粉末，室温下可吸附水分，EDTA 二钠盐易溶于水（22℃时溶解度为 11.1g/100mL，浓度约为 0.3mol/L，pH ≈ 4.4）
应用	不适合作滴定剂	适合作滴定剂
	通常所说的 EDTA 指的是 $Na_2H_2Y \cdot 2H_2O$	
水溶液中型体	七种型体：H_6Y^{2+}、H_5Y^+、H_4Y、H_3Y^-、H_2Y^{2-}、HY^{3-} 和 Y^{4-}（为了讨论方便，常可略去离子的电荷）。在七种型体中只有 Y^{4-} 能与金属离子直接配位。 图 3-2　EDTA 溶液中各种存在形式的分布图 由分布曲线图 3-2 中可以看出，不同 pH，EDTA 的主要存在形式不同。	

项目三　配位滴定分析技术

简称	EDTA
EDTA 特点	① 广泛性。除碱金属外，EDTA 几乎能与所有金属离子配位。 ② 配位比简单。EDTA 与金属离子多数情况下都形成 1∶1 配合物。 ③ 稳定性高。能与金属离子形成具有多个五元环结构的螯合物，见图 3-3。 ④ 可溶性。配合物有较好的水溶性。 ⑤ 配合物的颜色。与无色金属离子形成的螯合物无色，与有色的金属离子形成的螯合物颜色加深。如 Ni^{2+} 显浅绿色，而 NiY^{2-} 显蓝绿色；Cu^{2+} 显浅蓝色，而 CuY^{2-} 显深蓝色。 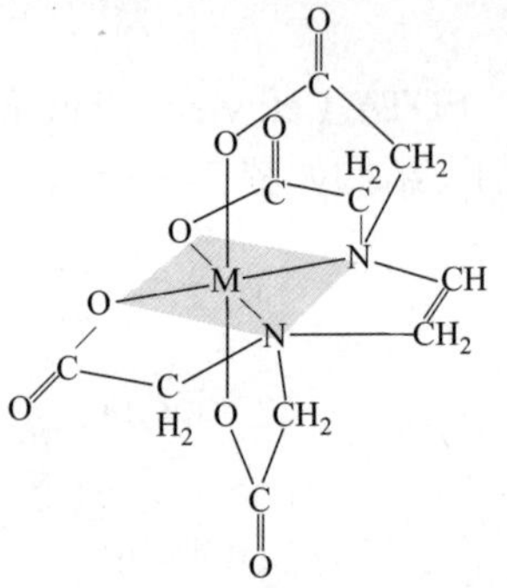

图 3-3 EDTA 螯合物立体结构

知识点 2　EDTA 与金属离子的反应

一、主反应与绝对稳定常数

EDTA 具有较强的配位能力，它几乎能与所有金属离子形成 1∶1 配合物。反应方程式和平衡常数表达式一般简写为

$$M+Y \Longleftrightarrow MY$$

$$K_{MY} = \frac{[MY]}{[M][Y]}$$

常见金属离子与 EDTA 形成的配合物 MY 的绝对稳定常数 lgK_{MY} 见附录八。在一定温度下，金属离子与 EDTA 配合物稳定常数 K_{MY} 越大，lgK_{MY} 值也越大，配合物越稳定。

上述配合物稳定常数，是指在无副反应条件下金属离子与 EDTA 配位解离平衡常数，又称为绝对稳定常数。它不能完全反映在实际滴定过程中，金属离子与 EDTA 配位反应完成的程度，在配位滴定中通常使用考虑副反应的条件稳定常数。

二、副反应与条件稳定常数

主反应与副反应是相对的概念，在 EDTA 配位滴定中，被测离子 M 与 ETDA 的反应作为主反应，由于酸度的影响和其他配体的存在，还可能发生副反应。副反应影响主反应的现象称为"效应"。

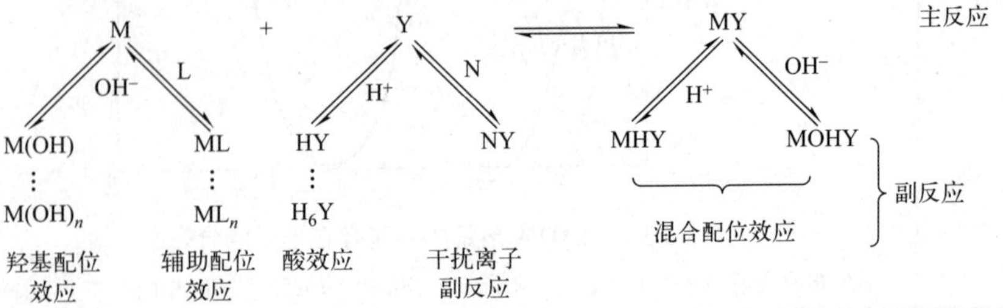

式中，L 为辅助配位剂，N 为共存离子。

这些副反应的发生都将影响主反应进行的程度，从而影响 MY 的稳定性。反应物 M、Y 的副反应不利于主反应的进行，而反应产物 MY 的副反应则有利于主反应的进行。

为了定量处理各种因素对配位平衡的影响，引入副反应系数的概念。副反应系数是描述副反应对主反应影响程度大小的量度，以 α 表示。下面主要讨论酸效应及酸效应系数。

1. 酸效应及酸效应系数

由于 H^+ 与 Y^{4-} 之间发生副反应，使 EDTA 参加主反应的能力下降，这种现象称为酸效应。酸效应的大小用酸效应系数 $[\alpha_{Y(H)}]$ 来衡量。

$$\alpha_{Y(H)} = \frac{[Y_{总}]}{[Y^{4-}]} = \frac{[Y^{4-}]+[HY^{3-}]+[H_2Y^{2-}]+[H_3Y^-]+[H_4Y]+[H_5Y^+]+[H_6Y^{2+}]}{[Y^{4-}]}$$

酸效应系数通常用其对数 $\lg\alpha_{Y(H)}$ 表示。溶液中 $[H^+]$ 越大，$\alpha_{Y(H)}$ 就越大，表示 Y^{4-} 的平衡浓度越小，EDTA 的副反应越严重，故 $\alpha_{Y(H)}$ 反映了副反应进行的严重程度。表 3-5 列出了不同 pH 溶液中 EDTA $\lg\alpha_{Y(H)}$ 值。

表 3-5　不同 pH 时的 $\lg\alpha_{Y(H)}$

pH	$\lg\alpha_{Y(H)}$	pH	$\lg\alpha_{Y(H)}$	pH	$\lg\alpha_{Y(H)}$	pH	$\lg\alpha_{Y(H)}$	pH	$\lg\alpha_{Y(H)}$
0.0	23.64	2.0	13.51	4.0	8.44	6.0	4.65	8.5	1.77
0.4	21.32	2.4	12.19	4.4	7.64	6.4	4.06	9.0	1.29
0.8	19.08	2.8	11.09	4.8	6.84	6.8	3.55	9.5	0.83
1.0	18.01	3.0	10.60	5.0	6.45	7.0	3.32	10.0	0.45
1.4	16.02	3.4	9.70	5.4	5.69	7.5	2.78	11.0	0.07
1.8	14.27	3.8	8.85	5.8	4.98	8.0	2.26	12.0	0.00

由表 3-5 可看出，$[Y]_{总} \geq [Y^{4-}]$。只有在 pH≥12 时，$\alpha_{Y(H)} \approx 1$，此时没有发生副反应。

2. 条件稳定常数

用绝对稳定常数描述配合物的稳定性是不符合实际情况的，应将副反应的影响一起考虑，称之为条件稳定常数或表观稳定常数，用 K'_{MY} 表示。如果只有酸效应，简化成：

$$\lg K'_{MY} = \lg K_{MY} - \lg\alpha_{Y(H)} \tag{3-1}$$

条件稳定常数 K'_{MY} 是利用副反应系数进行校正后的实际稳定常数，用 K'_{MY} 可以判断滴定金属离子的可行性。可行条件为：

$$\lg K'_{MY} \geq 8$$

【例 3-1】计算 pH=2.0、pH=5.0 时的 $\lg K'_{ZnY}$。

解：查附录八得 $\lg K_{ZnY}=16.50$；查表 3-5 得 pH=2.0 时，$\lg\alpha_{Y(H)}=13.51$；溶液中只存在酸效应，根据式（3-1）

$$\lg K'_{ZnY} = \lg K_{ZnY} - \lg\alpha_{Y(H)}$$

因此 $\lg K'_{ZnY}=16.50-13.51=2.99$

同样，pH=5.0 时，$\lg \alpha_{Y(H)}=6.45$

$\lg K'_{ZnY}=16.50-6.45=10.05$

答：pH=2.0 时 $\lg K'_{ZnY}$ 为 2.99；pH=5.0 时，$\lg K'_{ZnY}$ 为 10.05。

由上例可看出，pH=2.0 时，ZnY^{2-} 极不稳定，在此条件下 Zn^{2+} 不能被准确滴定；而在 pH=5.0 时，ZnY^{2-} 已稳定，配位滴定可以进行。可见配位滴定中控制溶液酸度十分重要。

自来水硬度的测定

任务二
自来水硬度的测定

任务描述

水的总硬度是指水中除碱金属外的全部金属离子浓度的总和，常以 Ca^{2+}、Mg^{2+} 的含量表示。硬度高的水可使肥皂沉淀，使洗涤剂的效用大大降低，纺织工业上硬度过大的水使纺织物粗糙且难以染色；使用硬度高的水烧锅炉易堵塞管道，引起锅炉爆炸事故，在我国运转的工业锅炉中，由于水质问题造成锅炉故障率达 25%。

水硬度是水质的一个重要监测指标，我国生活饮用水总硬度标准（GB 5749—2022）限值为 550mg/L（以 $CaCO_3$ 计）。高硬度的水，难喝、有苦涩味，饮用后甚至影响胃肠功能等。请你对饮用水进行分析检测，并出具检验报告单。

学习目标

素质目标：具备实验室安全意识、"质量第一"的责任意识、团队合作意识、环保意识；具备良好的实验习惯、严谨的思维方法、实事求是的工作作风。

知识目标：掌握自来水硬度测定的原理及计算；了解硬水的危害；掌握金属指示剂变色机理。

能力目标：能进一步规范使用酸式滴定管、电子分析天平等分析仪器；能准确判定铬黑 T、钙指示剂终点颜色；能准确书写数据记录和检验报告。

任务书

请你解读以下标准（GB/T 7477—1987），完成自来水硬度的测定任务，并出具检验报告单。

1. 方法原理

水的总硬度测定，用 NH_3-NH_4Cl 缓冲溶液控制水样 pH=10，以铬黑 T 为指示剂，用三乙醇胺掩蔽 Fe^{3+}、Al^{3+} 等共存离子，用 EDTA 标准溶液直接滴定 Ca^{2+} 和 Mg^{2+}，终点时溶液由红色变为纯蓝色。

钙硬度测定，用 NaOH 调节水试样 pH=12，Mg^{2+} 形成 $Mg(OH)_2$ 沉淀，用 EDTA 标准溶液直接滴定 Ca^{2+}，采用钙指示剂，终点时溶液由红色变为蓝色。

镁硬度则可由总硬度与钙硬度之差求得。

2. 任务准备

（1）水试样：自来水；

（2）EDTA 标准滴定溶液：c(EDTA)=0.02mol/L；

（3）铬黑 T：5g/L；

（4）刚果红试纸；

（5）NH_3–NH_4Cl 缓冲溶液：pH=10；

（6）钙指示剂：1+100；

（7）NaOH 溶液：c(NaOH)=4mol/L；

（8）HCl 溶液：1+1；

（9）三乙醇胺：200g/L；

（10）Na_2S 溶液：20g/L。

3. 分析步骤

（1）采集水样　可用硬质玻璃瓶（或聚乙烯容器），采样前先将瓶洗净。应先放水数分钟，使积留在水管中的杂质流出，采样时用水冲洗 3 次，再采集水样。

（2）总硬度的测定　用 50mL 移液管移取水试样 50.00mL，置于 250mL 锥形瓶中，加 1～2 滴 HCl 酸化（用刚果红试纸检验变蓝紫色），煮沸数分钟赶除 CO_2。冷却后，加入 3mL 三乙醇胺溶液、5mL pH≈10 的 NH_3–NH_4Cl 缓冲溶液、1mL Na_2S 溶液、3 滴铬黑 T 指示剂溶液，立即用 c(EDTA)=0.02mol/L 的 EDTA 标准滴定溶液滴定至溶液由红色变为纯蓝色即为终点，记下 EDTA 标准滴定溶液的体积 V_1。平行测定三次。

（3）钙硬度的测定　用 50mL 移液管移取水试样 50.00mL，置于 250mL 锥形瓶中，加入刚果红试纸（pH3～5，颜色由蓝变红）一小块。加入盐酸酸化，至试纸变蓝紫色为止。煮沸 2～3min，冷却至 40～50℃，加入 4mol/L NaOH 溶液 4mL，再加少量钙指示剂，摇匀，此时溶液呈淡红色，以 c(EDTA)=0.02mol/L 的 EDTA 标准滴定溶液滴定至溶液由红色变为蓝色即为终点，记下 EDTA 标准滴定溶液的体积 V_2。平行测定三次。

（4）镁硬的确定　由总硬度减钙硬即镁硬。

（5）硬度的表示方法　水的硬度折合成碳酸钙的 mg/L 作为计量单位。

$$\rho_{总}(CaCO_3)= \frac{c(EDTA)V_1 M(CaCO_3)}{V} \times 10^3$$

$$\rho_{钙}(CaCO_3)= \frac{c(EDTA)V_2 M(CaCO_3)}{V} \times 10^3$$

式中　$\rho_{总}(CaCO_3)$——水样的总硬度，mg/L；

　　　$\rho_{钙}(CaCO_3)$——水样的钙硬度，mg/L；

　　　c(EDTA)——EDTA 标准滴定溶液的浓度，mol/L；

V_1——测定总硬度时消耗 EDTA 标准滴定溶液的体积,mL;
V_2——测定钙硬度时消耗 EDTA 标准滴定溶液的体积,mL;
V——水样的体积 mL;
$M(CaCO_3)$——$CaCO_3$ 摩尔质量,g/mol。

获取资讯

问题 1 完成下述表格,对比测定总硬度和钙硬度的异同。

	总硬度	钙硬度
滴定方法		
滴定方式		
标准滴定溶液		
反应式		
指示剂		
终点颜色		

问题 2 查阅资料介绍水硬度的分类及危害。
问题 3 测定总硬度时加入 Na_2S、三乙醇胺的作用分别是什么?
问题 4 测定钙硬度时为什么加 NaOH?
问题 5 查找资料配制 200mL 铬黑 T(5g/L)指示剂。

工作计划

表:工作方案　　　　　　　　组别:

步骤	工作内容	负责人(任务分工)
1		
2		
3		
4		

表:仪器、试剂　　　　　　　　组别:

仪器	名称	规格	试剂	名称	浓度	配制方法

进行决策

（1）分组讨论自来水硬度的测定过程，画出流程图或者实物简图，并分组派代表阐述流程。

（2）师生共同讨论，选出最佳方案，绘制如下：

工作实施

（1）领用并检查仪器是否破损。

（2）领取试剂并配制溶液。

（3）按照最佳方案完成测定任务。

注意事项

① 滴定速度不能过快，接近终点时要慢，以免滴定过量。

② 若水中含有铜、锌、锰、铁、铝等离子，会影响测定结果，可加入1%Na_2S溶液1mL使Cu^{2+}、Zn^{2+}等生成硫化物沉淀，过滤。锰的干扰可加入盐酸羟胺消除。

③ 水样中HCO_3^-、H_2CO_3含量高时，会影响终点变色观察，加入1滴HCl，使水样酸化，加热煮沸去除CO_2。

④ 水样中含铁量超过$10mg·L^{-1}$时，用三乙醇胺掩蔽不完全，需用蒸馏水将水样稀释到Fe^{3+}含量不超过$10mg·L^{-1}$。

笔记区

（4）数据记录并处理

班级：_____　　姓名：_____　　日期：_____

表：自来水硬度的测定

项目	编号			
	1	2	3	4
$c(EDTA)/mol \cdot L^{-1}$				
水样体积 /mL				
总硬度消耗 EDTA 体积 /mL				
$\rho_{总}(CaCO_3)/mg \cdot L^{-1}$				
$\bar{\rho}_{总}(CaCO_3)/mg \cdot L^{-1}$				
相对极差 /%				
钙硬度消耗 EDTA 体积 /mL				
$\rho_{钙}(CaCO_3)/mg \cdot L^{-1}$				
$\bar{\rho}_{钙}(CaCO_3)/mg \cdot L^{-1}$				
相对极差 /%				

要求：以第一组数据为例写出计算公式及过程。

根据本实验分析结果，评价该水试样的水质。

评价反馈

各组汇报、展示成果,有疑难问题交流讨论。

综合评价表

班级			姓名		
工作任务					
评价指标	评价要素	分值	评分		
			自评	互评	师评
考勤(10%)	无迟到、早退、旷课现象	10			
职业素养考核(30%)	穿实验服、规范整洁	5			
	安全意识、责任意识、环保意识、服从意识	5			
	团队合作、与人交流能力	5			
	劳动纪律,诚信、敬业、科学、严谨	5			
	提出问题、分析问题、解决问题能力	5			
	工作现场管理符合6S标准	5			
专业能力考核(60%)	积极参加教学活动,按时完成学生工作活页	10			
	滴定管、电子分析天平、移液管操作符合规范(每错1处,扣5分)	10			
	铬黑T、钙指示剂终点颜色判断准确(每错1次,扣5分)	20			
	规范记录数据,正确填写报告单,报出结果(每错1处,扣3分)	20			
总分					
总评	自评(20%)+互评(30%)+师评(50%)	综合等级	教师:		

> 知识链接

知识点3 金属指示剂

配位滴定指示终点的方法很多,其中最重要的是使用金属离子指示剂来指示终点。

一、金属指示剂的作用原理

在配位滴定中,通常利用一种能与金属离子生成有色配合物的显色剂指示滴定过程中金属离子浓度的变化,这种显色剂称为金属离子显色剂,又称为金属指示剂。以 In 表示指示剂,以 EDTA 滴定金属离子(M)。金属指示剂变色原理:

$$In + M \rightleftharpoons MIn$$
A色　　　　　　B色(A色与B色不同)

到达 sp(化学计量点)时: $MIn+EDTA \rightleftharpoons M-EDTA+In$　　$K'_{MY}>K'_{MIn}$
　　　　　　　　　　　　　　B色　　　　　　　　　　A色

滴入 EDTA 时,金属离子逐步被配合,当达到反应的 sp 时,已与指示剂配合的金属离子被 EDTA 夺出,释放出指示剂。

视频扫一扫

金属指示剂
作用原理

二、金属指示剂应具备的条件

(1)颜色的差异性　MIn 颜色应与 In 的颜色显著不同,这样才能借助颜色的明显变化来判断终点的到达。

(2)适当的稳定性　金属指示剂与金属离子形成的配合物 MIn 要有适当的稳定性。

(3)良好的可逆性　金属指示剂与金属离子之间的反应要迅速、变色可逆。

(4)实用性　金属指示剂应易溶于水,不易变质,便于使用和保存。

常用的金属指示剂见附录七。

视频扫一扫

金属指示剂

三、使用金属指示剂中存在的问题

A 封闭现象	在计量点附近没有颜色变化,这种现象称为指示剂封闭。有时金属指示剂与某些金属离子形成极稳定化合物,达到计量点后,过量 EDTA 并不能夺取金属指示剂有色配合物中金属,即 $\lg K_{MIn} > \lg K_{MY}$。因而在计量点附近没有颜色变化。
B 僵化现象	在计量点附近指示剂颜色变化十分缓慢,这种现象称为指示剂僵化。金属离子与指示剂生成难溶于水的有色配合物(MIn),虽然它的稳定性比该金属离子与 EDTA 生成的螯合物差,但置换反应速度慢,使终点拖长。

<table>
<tr><td>C
氧化变质现象</td><td>金属指示剂大多为含双键的有色化合物，易被日光、氧化剂、空气所分解，在水溶液中多不稳定，日久变质。最好是现用现配。
若配成固体混合物则较稳定，保存时间较长。例如铬黑T和钙指示剂，常用固体NaCl或KCl作稀释剂配制。</td></tr>
</table>

知识点4　配位滴定基本原理

讨论配位滴定曲线是为了选择适当的滴定条件，同时也是指示剂选择的依据。

一、配位滴定曲线

在一定pH条件下，随着配位滴定剂的加入，金属离子不断与配位剂反应生成配合物，其浓度不断减少。当滴定到达化学计量点时，金属离子浓度（pM）发生突变。若将滴定过程各点pM与对应的配位剂的加入体积绘成曲线，即可得到配位滴定曲线。

1. 曲线绘制

pH=12时，用0.01000mol/L EDTA溶液滴定20.00mL 0.01000mol/L的Ca^{2+}溶液（只需考虑EDTA的酸效应），CaY^{2-}的条件稳定常数为：

$lgK'_{CaY}=lgK_{CaY}-lg\alpha_{Y(H)}=10.69-0=10.69$

计算滴定过程中pCa数值，利用所得数据绘制如图3-4所示的滴定曲线。由图3-4可以看出，计量点的pCa为6.5，滴定突跃的pCa为5.3~7.7。可见滴定突跃较大，可以准确滴定。

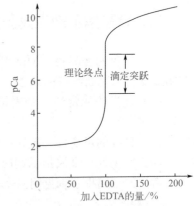

图3-4　pH=12时0.01000mol/L EDTA溶液滴定20.00mL 0.01000mol/L的Ca^{2+}溶液滴定曲线

2. 滴定突跃范围

（1）条件稳定常数lgK'_{MY}的影响　若金属离子浓度一定，配合物的条件稳定常数越大，滴定突跃越大。见图3-5。

$$lgK'_{MY}=lgK_{MY}-lg\alpha_{Y(H)}$$

一般情况下，影响配合物条件稳定常数的主要因素是溶液酸度。酸性越弱，滴定突跃就越大。

（2）金属离子浓度对突跃的影响　若条件稳定常数lgK'_{MY}一定，金属离子浓度越低，滴定突跃就越小（见图3-6）。

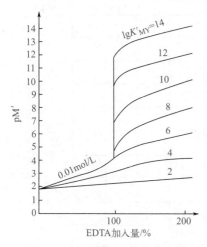
图 3-5　不同 $\lg K'_{MY}$ 的滴定曲线

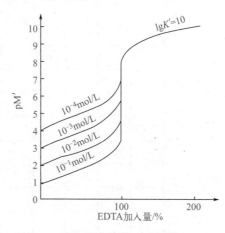
图 3-6　金属离子浓度对滴定突跃的影响

二、滴定单一金属离子

1. 滴定可行性判断

配位滴定是否可行取决于：
$$\lg c_M K'_{MY} \geq 6 \quad (3-2)$$

实际工作中，c_M 常为 $10^{-2}\mathrm{mol \cdot L^{-1}}$ 左右，此时，准确滴定条件为 $\lg K'_{MY} \geq 8$。

2. 滴定适宜酸度范围

（1）最低 pH 值（最高酸度）　若滴定反应中只考虑 EDTA 酸效应，则根据单一离子准确滴定的判别式：$\lg K'_{MY} \geq 8$。

$$\lg K'_{MY} = \lg K_{MY} - \lg \alpha_{Y(H)} \geq 8$$

即
$$\lg \alpha_{Y(H)} \leq \lg K_{MY} - 8 \quad (3-3)$$

将各种金属离子的 $\lg K_{MY}$ 代入式（3-3），即可求出对应的最大 $\lg \alpha_{Y(H)}$ 值，再从表 3-5 查得与它对应的最小 pH。

将金属离子的 $\lg K_{MY}$ 值与最小 pH（或对应的 $\lg \alpha_{Y(H)}$ 与最小 pH）绘成曲线，称为酸效应曲线（或称林邦曲线），如图 3-7 所示。实际工作中，酸效应曲线有以下用途：

a. 确定滴定时所允许的最低 pH；例如，滴定 Fe^{3+}，pH 必须大于 1。

b. 判断干扰情况；一般来说，酸效应曲线上位于待测金属离子下方的离子都干扰测定。

c. 控制溶液酸度进行连续测定，这部分内容将在本项目任务三中讨论。

d. 可当 $\lg \alpha_{Y(H)}$-pH 曲线使用。

注意：酸效应曲线只适用于 M 和 EDTA 浓度为 0.01mol/L 的情况，且除 EDTA 酸效应外，M 未发生其他副反应。如果前提变化，曲线将发生变化，因此要求的 pH 也会有所不同。

（2）最高 pH 值（最低酸度）　随着 pH 值升高，EDTA 的酸效应减弱，条件

单一金属离子准确滴定的条件

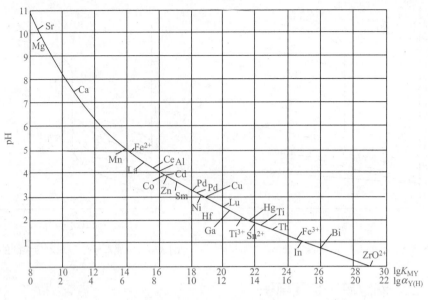

图 3-7 EDTA 酸效应曲线

稳定常数增大，滴定反应的完全程度增大。但 pH 值增高至某一特定值时，金属离子发生水解，甚至生成 $M(OH)_n$，滴定反应不能准确进行。因此，还要考虑滴定时金属离子不发生水解的最低酸度。把金属离子开始生成氢氧化物沉淀时的酸度称为最低酸度。通常可由 $M(OH)_n$ 的溶度积求得，即

$$[OH^-] = \sqrt[n]{\frac{K_{sp,M(OH)_n}}{[M]}} \tag{3-4}$$

金属离子 M 的浓度，一般取 0.01mol/L。

【例 3-2】计算 0.020mol/L EDTA 滴定 0.020mol/L Cu^{2+} 的适宜酸度范围。

解：查图 3-7，滴定允许的最低 pH 值为 pH=2.9。

滴定 Cu^{2+} 时，允许最低酸度为 Cu^{2+} 不发生水解时的 pH；

因为 $\qquad [Cu^{2+}][OH^-]^2 = K_{sp,[Cu(OH)_2]} = 10^{-19.66}$

所以 $\qquad [OH^-] = \sqrt{\dfrac{10^{-19.66}}{0.020}} = 10^{-8.98}$

即 $\qquad$ pH=5.0

所以，用 0.020mol/L EDTA 滴定 0.020mol/L Cu^{2+} 的适宜酸度范围 pH 为 2.9～5.0。

配位滴定时实际采用的 pH 值比允许的最低 pH 值稍高些，可使配位滴定进行得更完全。配位滴定的酸度条件应控制在最低 pH 和最高 pH 之间，这一范围称为配位滴定适宜 pH 范围。在配位滴定中，通常加入一定 pH 缓冲溶液控制溶液适宜酸度。

3. pH 缓冲溶液的使用

在配位滴定中，不仅要调节滴定前溶液的酸度，同时也要注意在滴定过程中控制溶液酸度的变化。因为在配位滴定过程中，随着配合物的生成，不断有 H^+

释出。

$$M^{n+}+H_2Y^{2-} \rightleftharpoons MY^{(4-n)}+2H^+$$

溶液的酸度不断增大,其结果不仅降低了配合物的条件稳定常数,影响到反应的完全程度,使滴定突跃范围减小,而且破坏了指示剂变色的最适宜酸度范围,导致产生误差。同时还会减小 K'_{MIn} 值,使指示剂灵敏度降低。因此在配位滴定中,通常需要加入缓冲溶液来控制溶液的 pH 值。常用 pH 缓冲溶液见表 3-6。

表 3-6 常用 pH 缓冲溶液

pH 值	推荐使用缓冲溶液
pH5~6(弱酸性介质)	HAc–NaAc 缓冲溶液、$(CH_2)_6N_4$–$(CH_2)_6N_4^+H$ 缓冲溶液
pH8~10(弱碱性介质)	NH_3–NH_4Cl 缓冲溶液
pH<1 或 pH>13	强酸、强碱溶液本身具有较大的酸碱缓冲容量

任务三
铅铋混合液的连续测定

视频扫一扫

铅铋混合液的连续测定

任务描述

现有一批从某铁合金厂即将排放的主要含有 Bi^{3+}、Pb^{2+} 金属离子的污水,你作为该厂化验员,对污水中 Bi^{3+}、Pb^{2+} 含量进行测定,并出具检验报告单。

学习目标

素质目标: 具备实验室安全意识、"质量第一"的责任意识、团队合作意识、环保意识;具备良好的实验习惯、严谨的思维方法、实事求是的工作作风。

知识目标: 掌握废水中 Bi^{3+}、Pb^{2+} 测定原理及计算;掌握通过控制酸度提高配位滴定选择性的方法。

能力目标: 能规范使用酸式滴定管、电子分析天平等容量分析仪器;能准确判定二甲酚橙指示剂终点颜色;能准确书写数据记录和检验报告。

任务书

请你解读以下标准,完成废水中 Pb^{2+}、Bi^{3+} 含量测定此项任务,并出具检验报告单。

1. 方法原理

Bi^{3+}、Pb^{2+} 均能与 EDTA 形成稳定的 1∶1 配合物,$\lg K_{BiY}=27.94$,$\lg K_{PbY}=18.04$。由于两者的 $\lg K$ 相差很大,故可利用控制不同的酸度,用 EDTA 连续滴定 Bi^{3+} 和 Pb^{2+}。通常在 pH 约为 1.0 时滴定 Bi^{3+},在 pH 为 5.0~6.0 时滴定 Pb^{2+}。

pH=1 时,$Bi^{3+}+H_2Y^{2-} \rightleftharpoons BiY^-+2H^+$;pH=5~6 时,$Pb^{2+}+H_2Y^{2-} \rightleftharpoons PbY^{2-}+2H^+$。

在测定中,均以二甲酚橙为指示剂。先调节溶液的酸度为 pH≈1.0,滴定 Bi^{3+}(Pb^{2+} 在此条件下不会与二甲酚橙形成有色配合物),终点时溶液由紫红色变为亮黄色,然后再加入六次甲基四胺缓冲溶液,控制溶液 pH≈5.0~6.0,滴定 Pb^{2+},终点时溶液由紫红色变为亮黄色。

2. 任务准备

(1)EDTA 标准滴定溶液:$c(EDTA)=0.02mol/L$;

(2)二甲酚橙指示液:2g/L;

(3)六亚甲基四胺溶液(200g/L):$20g(CH_2)_6N_4$ 溶于少量水中,稀释至 100mL;

(4)硝酸:0.1mol/L、2mol/L;

(5)NaOH 溶液:2mol/L,称取 8gNaOH,溶于水,稀释至 100mL;

(6)精密 pH 试纸;

(7)Bi^{3+}、Pb^{2+} 混合液(各约 0.01mol/L):称取 $Pb(NO_3)_2$ 6.6g、$Bi(NO_3)_3$ 9.7g,放入已盛有 30mL HNO_3 的烧杯中,在电炉上微热溶解后,稀释至 2000mL。

3. 分析步骤

(1)Bi^{3+} 的测定 用移液管移取 25.00mL Bi^{3+}、Pb^{2+} 混合液于 250mL 锥形瓶中,用 NaOH 溶液和 HNO_3 调节试液的酸度至 pH=1,然后加入 1~2 滴二甲酚橙指示液,这时溶液呈紫红色,用 EDTA 标准滴定溶液滴定,当溶液由紫红色恰变为亮黄色即为滴定 Bi^{3+} 的终点。

(2)Pb^{2+} 的测定 在滴定 Bi^{3+} 后的溶液中,滴加六亚甲基四胺溶液,至呈现稳定的紫红色后,再过量加入 5mL,此时溶液的 pH 为 5~6。用 EDTA 标准滴定溶液滴定,当溶液由紫红色恰变为亮黄色即为滴定 Pb^{2+} 的终点。

📖 获取资讯

问题 1 填写下述表格,对比 Bi^{3+}、Pb^{2+} 两种离子测定的异同点。

	Bi^{3+}	Pb^{2+}
滴定方法		
滴定方式		
标准溶液		
酸度条件		
反应式		
指示剂		
终点颜色		

问题 2 用 EDTA 连续滴定多种金属离子的条件是什么?

问题 3 描述连续滴定 Bi^{3+}、Pb^{2+} 过程中,锥形瓶中颜色变化以及颜色变化的原因。

问题 4 二甲酚橙指示剂使用的 pH 范围是多少？本实验如何控制溶液的 pH？

问题 5 推导 Bi^{3+}、Pb^{2+} 的计算公式。(单位 g/L)

工作计划

表：工作方案　　　　　　　　　　组别：

步骤	工作内容	负责人（任务分工）
1		
2		
3		
4		

表：仪器、试剂　　　　　　　　　组别：

	名称	规格		名称	浓度	配制方法
仪器			试剂			

进行决策

（1）分组讨论铅铋混合液中 Bi^{3+}、Pb^{2+} 的测定过程，画出流程图或者实物简图，并分组派代表阐述流程。

（2）师生共同讨论，选出最佳方案，绘制如下：

工作实施

（1）领用并检查仪器是否破损。
（2）领取试剂并配制溶液。
（3）牢记注意事项，按照最佳方案完成测定任务。

> **注意事项**
>
> ① 本实验成败的关键是调整溶液的 pH 值。调节试液的酸度至 pH=1 时，可用精密 pH 试纸检验，但是为了避免检验时试液被带出而引起损失，可先用一份试液做调节实验，再按加入的 NaOH 量调节溶液的 pH 后，进行滴定。
> ② 滴定速度不宜过快，接近终点时要充分振摇，加速反应进行。

笔记区

(4) 数据记录并处理

班级：_____ 姓名：_____ 日期：_____

表：Bi^{3+}、Pb^{2+} 含量的测定

项目	编号			
	1	2	3	4
$c(EDTA)/mol·L^{-1}$				
Bi^{3+} 滴定消耗 EDTA 体积 /mL				
Pb^{2+} 滴定消耗 EDTA 体积 /mL				
$\rho(Bi^{3+})/g·L^{-1}$				
$\bar{\rho}(Bi^{3+})/g·L^{-1}$				
相对极差 /%				
$\rho(Pb^{2+})/g·L^{-1}$				
$\bar{\rho}(Pb^{2+})/g·L^{-1}$				
相对极差 /%				

要求：以第一组数据为例写出计算公式及过程。

依据测定结果，分析本次测定引入的个人误差。

项目三　配位滴定分析技术

评价反馈

各组汇报、展示成果,有疑难问题交流讨论。

综合评价表

班级			姓名		
工作任务					
评价指标	评价要素	分值	评分		
			自评	互评	师评
考勤(10%)	无迟到、早退、旷课现象	10			
职业素养考核(30%)	穿实验服、规范整洁	5			
	安全意识、责任意识、环保意识、服从意识	5			
	团队合作、与人交流能力	5			
	劳动纪律,诚信、敬业、科学、严谨	5			
	提出问题、分析问题、解决问题能力	5			
	工作现场管理符合 6S 标准	5			
专业能力考核(60%)	积极参加教学活动,按时完成学生工作活页	10			
	滴定管、电子分析天平操作符合规范(每错1处,扣5分)	10			
	二甲酚橙指示剂终点颜色判断准确(每错1次,扣5分)	20			
	规范记录数据,正确填写报告单,报出结果(每错1处,扣3分)	20			
	总分				
总评	自评(20%)+互评(30%)+师评(50%)	综合等级	教师:		

知识链接

知识点5　提高配位滴定选择性的方法

实际工作中，经常遇到多种离子共存的试样，用 EDTA 滴定时可能相互干扰。因此，提高配位滴定选择性，就成为配位滴定中要解决的重要问题。当溶液中有 M 和 N 两种金属离子共存时，现欲对 M 离子进行选择滴定，一般情况下可以通过下述两种方法得以解决。

混合离子的选择性滴定

一、控制酸度进行分步滴定

1. 分步滴定可行性判断

$$\Delta \lg K + \lg(c_M/c_N) \geq 5 \quad (E_t \leq \pm 0.5\%) \quad (3-5)$$

式（3-5）即为离子 N 存在条件下，准确滴定 M 离子的判别式。

2. 分步滴定的酸度控制

① 最高酸度（最低 pH）：选择滴定 M 离子的最低 pH，查图 3-7 酸效应曲线即得。

② 最低酸度（最高 pH）：N 离子不干扰 M 离子滴定的条件如下。

$$\lg c_M K'_{MY} - \lg c_N K'_{NY} \geq 5 \quad (3-6)$$

由于准确滴定 M 时，$\lg c_M K'_{MY} \geq 6$，因此

$$\lg c_N K'_{NY} \leq 1 \quad (3-7)$$

当 $c_N = 0.01 \text{mol/L}$ 时，$\lg \alpha_{Y(H)} \geq \lg K_{NY} - 3$，根据 $\lg \alpha_{Y(H)}$ 查出对应的 pH 即为最高 pH。

值得注意的是，易发生水解反应的金属离子，若在所求的酸度范围内发生水解反应，则适宜酸度范围的最低酸度为形成 $M(OH)_n$ 沉淀时的酸度。

滴定 M 和 N 离子的酸度控制仍使用缓冲溶液，并选择合适的指示剂，以减少滴定误差。M 离子滴定后，滴定 N 离子酸度与单一离子滴定方法相同。

【例 3-3】用 0.02mol/L EDTA 滴定溶液中 2.0×10^{-2} mol/L Pb^{2+} 和 2.0×10^{-2} mol/L Bi^{3+}。要求 $E_t \leq \pm 0.5\%$，问：（1）能否准确滴定 Bi^{3+} 和 Pb^{2+}？（2）选择滴定各自的适宜酸度范围。

解：（1）根据判别式：

$$\Delta \lg K + \lg(c_M/c_N) \geq 5$$

代入数值，$\Delta \lg K = 27.94 - 18.04 = 9.9 \geq 5$

所以能利用控制酸度的方法连续滴定 Bi^{3+} 和 Pb^{2+}。

（2）Bi^{3+}：最低 pH=0.8（查酸效应曲线得，滴定 Bi^{3+}）

滴定 Bi^{3+} 的最高 pH，应考虑滴定 Bi^{3+} 时，Pb^{2+} 不干扰，即

$$\lg c_{Pb^{2+}} K'_{PbY} \leq 1$$

即　　　　　　　　　$\lg \alpha_{Y(H)} \geq \lg K_{PbY} - 3$

所以　　　　　　　$\lg \alpha_{Y(H)} \geq 18.04 - 3 = 15.04$

干扰：pH ≤ 1.6

水解：在 pH=2 时，Bi^{3+} 开始水解出沉淀

综合以上三因素考虑，实际工作中，确定 pH=1，用 EDTA 滴定 Bi^{3+}。

Pb^{2+}：查酸效应曲线得，滴定 Pb^{2+} 的最低 pH=3.7。

考虑到 Pb^{2+} 的水解

$$[OH] \leqslant \sqrt{\frac{K_{sp}[Pb(OH)_2]}{[Pb^{2+}]}}$$

即 $[OH]=\sqrt{\dfrac{10^{-15.7}}{2\times 10^{-2}}}=10^{-7}$ pH ≤ 7.0

所以，滴定 Pb^{2+} 适宜的酸度范围是 pH=3.7 ~ 7.0，实际工作中，pH=5.0 ~ 6.0 时滴定 Pb^{2+}。

二、利用掩蔽和解蔽进行选择滴定

如果 $\Delta \lg K < 5$，这时可利用加入掩蔽剂来降低干扰离子的浓度以消除干扰。掩蔽作用的本质是降低能与滴定剂作用的干扰离子的浓度。

1. 配位掩蔽法

配位掩蔽法在化学分析中应用最广泛，它是通过加入能与干扰离子形成更稳定配合物的配位剂（通称掩蔽剂）掩蔽干扰离子，从而能够更准确滴定待测离子。

例如：测定 Al^{3+}、Zn^{2+} 共存溶液中的 Zn^{2+} 时，可加入 NH_4F 与干扰离子 Al^{3+} 形成十分稳定的 AlF_6^{3-}，消除 Al^{3+} 干扰，见图 3-8。

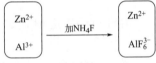

图 3-8 配位掩蔽示例

2. 沉淀掩蔽法

加入能与干扰离子生成沉淀的沉淀剂，使 [N] 降低，可在不分离沉淀的情况下直接滴定 M 的方法，称为沉淀掩蔽法。

例如：在由 Ca^{2+}、Mg^{2+} 共存溶液中，加入 NaOH 使 pH > 12，生成 $Mg(OH)_2$ 沉淀，这时 EDTA 就可直接滴定 Ca^{2+}，见图 3-9。

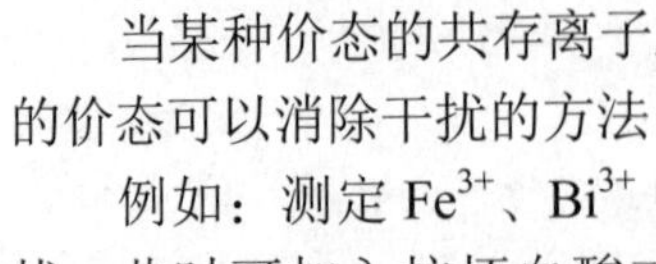

图 3-9 沉淀掩蔽示例

3. 氧化还原掩蔽法

当某种价态的共存离子对滴定有干扰时，利用氧化还原反应改变干扰离子 N 的价态可以消除干扰的方法，称为氧化还原掩蔽法。

例如：测定 Fe^{3+}、Bi^{3+} 中的 Bi^{3+} 时，Fe^{3+} 产生干扰，此时可加入抗坏血酸或盐酸羟胺使 Fe^{3+} 还原为 Fe^{2+}，由于 $\lg K_{FeY^{2-}}=14.3$，比 $\lg K_{FeY^-}$ 小得多，可采用控制酸度的方法进一步滴定，避免干扰，见图 3-10。

图 3-10 氧化还原掩蔽示例

4. 利用解蔽作用提高选择性

将一些离子掩蔽，对某种离子进行滴定以后，使用一种试剂破坏被掩蔽的离

子与掩蔽剂所生成的配合物，使该种离子从配合物中释放出来，这种作用称为解蔽，所用试剂称为解蔽剂。利用某些选择性的解蔽剂，也可以提高配位滴定的选择性。

例如：当 Zn^{2+}、Pb^{2+} 两种离子共存时，测定 Zn^{2+} 和 Pb^{2+}，见图 3-11。

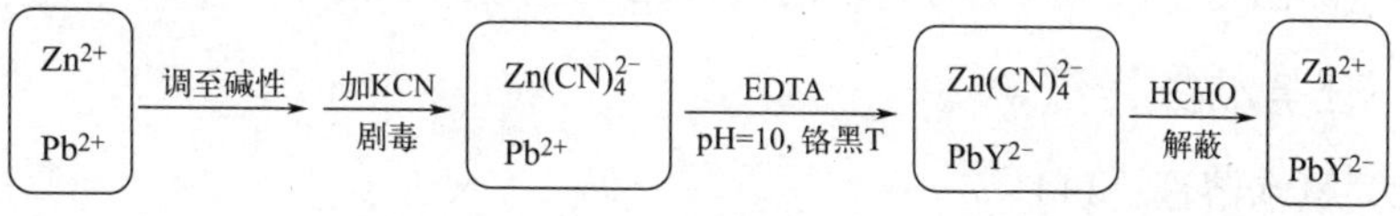

$$\begin{array}{c}Zn^{2+}\\Pb^{2+}\end{array} \xrightarrow{\text{调至碱性}} \xrightarrow[\text{剧毒}]{\text{加KCN}} \begin{array}{c}Zn(CN)_4^{2-}\\Pb^{2+}\end{array} \xrightarrow[\text{pH=10,铬黑T}]{\text{EDTA}} \begin{array}{c}Zn(CN)_4^{2-}\\PbY^{2-}\end{array} \xrightarrow[\text{解蔽}]{\text{HCHO}} \begin{array}{c}Zn^{2+}\\PbY^{2-}\end{array}$$

$$[Zn(CN)_4]^{2-} + 4HCHO + 4H_2O \rightleftharpoons Zn^{2+} + 4H_2C\underset{|}{\overset{OH}{-}}CN + 4OH^-$$

图 3-11 解蔽示例

任务四
食品添加剂硫酸铝钾含量的测定

📋 任务描述

明矾的化学成分为硫酸铝钾，是传统的食品改良剂和膨松剂，常用作油条、粉丝、米粉等食品生产的添加剂。但是由于含有铝离子，所以过量摄入会影响人体对铁、钙等成分的吸收，导致骨质疏松、贫血，还可能引起神经系统病变，表现为记忆减退、震颤、痴呆等。1989 年，世界卫生组织正式将铝确定为食品污染物而加以控制，规定铝的每天摄入量为 1mg/kg。

视频扫一扫

食品添加剂硫酸铝钾含量的测定

🏆 学习目标

素质目标：具备实验室安全意识、"质量第一"的责任意识、团队合作意识、环保意识；具备良好的实验习惯、严谨的思维方法、实事求是的工作作风。

知识目标：掌握返滴定法测定硫酸铝钾含量的原理及计算。

能力目标：能规范使用酸式滴定管、电子分析天平等分析仪器；能准确判定二甲酚橙指示剂终点颜色；能准确书写数据记录和检验报告。

📝 任务书

请你解读以下标准（GB 1886.229—2016），对食品添加剂硫酸铝钾含量进行测定，并出具检验报告单。

1. 方法原理

由于 Al^{3+} 与 EDTA 反应速度很慢，并对指示剂有封闭作用，故采用加热回滴法，即在含 Al^{3+} 试液中加入过量的且已知量的 EDTA 标准溶液，用六次甲基四胺作缓冲液，在pH=5~6时加热使其充分反应。然后用二甲酚橙作指示剂，用标准锌溶液回滴过量的EDTA，从而测出铝含量。反应过程如下：

滴定前：$Al^{3+}+H_2Y^{2-}$（过量）$=\!=\!=AlY^-+2H^+$

滴定开始至计量点前：H_2Y^{2-}（余）$+Zn^{2+}=\!=\!=ZnY^{2-}+2H^+$

终点颜色为橙色（黄色与紫色的混合色）。

2. 任务准备

（1）氨水溶液：1+1。

（2）盐酸溶液：1+1。

（3）乙酸–乙酸钠缓冲溶液（pH≈6）。取乙酸钠27.3g，加1mol/L乙酸溶液10mL，溶解后，加水稀释至500mL。

（4）乙二胺四乙酸二钠(EDTA)溶液：c(EDTA)=0.05mol/L。

（5）氯化锌标准滴定溶液：$c(ZnCl_2)$=0.05mol/L。称取于800℃±50℃的高温炉中灼烧至恒重的工作基准试剂氧化锌（4.07±0.20）g，用少量水湿润，加18.0mL盐酸溶液（20%）溶解，移入1000mL容量瓶中，稀释至刻度。

（6）二甲酚橙指示液：2g/L。

（7）刚果红试纸。

3. 分析步骤

硫酸铝钾$[KAl(SO_4)_2]$（以干基计）的测定

称取约5.0g预先研磨且通过试验筛并在200℃±2℃电热恒温干燥箱中干燥4h的试样，精确至0.0002g，置于150mL烧杯中，加入80mL水，12mL盐酸溶液，加热溶解。冷却后移入500mL容量瓶中，用水稀释至刻度，摇匀。

用移液管移取25mL上述试样溶液，置于250mL锥形瓶中，再用移液管移取50mL乙二胺四乙酸二钠溶液，煮沸5min，冷却至室温，加入一小块刚果红试纸，然后用氨水溶液调至试纸呈紫红色（pH5~6），加15mL乙酸–乙酸钠缓冲溶液后加入3~4滴二甲酚橙指示液，用氯化锌标准滴定溶液滴定至橙黄色即为终点。

同时同样做空白试验，空白试验溶液除不加试样外，其他加入试剂的种类和量（标准滴定溶液除外）与测定试验相同。

硫酸铝钾含量的质量分数ω，按下式计算：

$$\omega=\frac{c\times(V_0-V_1)\times M\times 500}{m\times 1000\times 25}\times 100\%$$

式中　c——氯化锌标准滴定溶液的浓度，单位为摩尔每升（mol/L）；

　　　V_0——空白试验溶液消耗的氯化锌标准滴定溶液的体积，单位为毫升（mL）；

　　　V_1——试样溶液消耗氯化锌标准滴定溶液的体积，单位为毫升（mL）；

　　　M——硫酸铝钾干燥品的摩尔质量，单位为克每摩尔（g/mol）$\{M[KAl(SO_4)_2]=258.19g/mol\}$；

　　　500——试样溶液的总体积，单位为毫升（mL）；

　　　m——试样的质量，单位为克（g）；

1000——换算因子；

25——移取试样溶液的体积，单位为毫升（mL）。

试验结果以平行测定结果的算术平均值为准。在重复性条件下获得的两次独立测定结果的绝对差值不大于 0.3%。

获取资讯

问题 1 测定铝含量为什么采用返滴定，能否采用直接方式？

问题 2 本实验中，EDTA 溶液是否需要标定其准确浓度，为什么？

工作计划

表：工作方案　　　　　　　　　　　　　组别：

步骤	工作内容	负责人（任务分工）
1		
2		
3		
4		

表：仪器、试剂　　　　　　　　　　　　组别：

	名称	规格		名称	浓度	配制方法
仪器			试剂			

进行决策

（1）分组讨论硫酸铝钾含量测定实验过程，画出流程图或者实物简图，并分组派代表阐述流程。

（2）师生共同讨论，选出最佳方案，绘制如下：

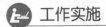
工作实施

（1）领用并检查仪器是否破损。
（2）领取试剂并配制溶液。
（3）牢记注意事项，按照最佳方案完成测定任务。

注意事项

① 注意实验中溶液酸度的调节。一开始铝与 EDTA 配位控制 pH 为 3~4，待反应完毕之后，需调节 pH 为 5~6，以使锌与 EDTA 配位完全。
② 控制好整个滴定过程中的滴定速度。

笔记区

(4)数据记录并处理

班级：_____　　姓名：_____　　日期：_____

表：硫酸铝钾含量的测定

项目	编号			
	1	2	3	4
试样的质量 m/g				
标准溶液浓度 $c(ZnCl_2)$/mol·L^{-1}				
滴定消耗 $ZnCl_2$ 体积 /mL				
空白消耗 $ZnCl_2$ 体积 /mL				
ω（硫酸铝钾）/%				
$\bar{\omega}$（硫酸铝钾）/%				
相对极差 /%				

要求：以第一组数据为例写出计算公式及过程。

依据测定结果，分析本次测定引入的个人误差。

任务五

化学试剂六水合硫酸镍含量的测定

📋 任务描述

现有一批即将出厂的化学试剂六水合硫酸镍，请你对该试剂中的主成分硫酸镍含量按照 HG/T 4020—2020 方法进行测定，并出具检验报告单。

🏅 学习目标

素质目标：具备实验室安全意识、"质量第一"的责任意识、团队合作意识、环保意识；具备良好的实验习惯、严谨的思维方法、实事求是的工作作风。

知识目标：巩固配位滴定法的基本原理；掌握硫酸镍含量的测定原理及计算。

能力目标：能规范使用滴定管、电子分析天平等容量分析仪器；能准确判定紫脲酸铵指示剂终点颜色；学会正确地配制相关溶液；能依据实验设计数据表格等内容；能准确书写数据记录和检验报告。

📝 任务书

请解读以下标准（HG/T 4020—2020），完成化学试剂六水合硫酸镍测定任务，并出具检验报告单。

1. 方法原理

在加入氨 – 氯化铵的缓冲溶液中，镍与 EDTA 生成稳定的配合物，以紫脲酸铵为指示剂，滴定至溶液呈蓝紫色。

2. 任务准备

（1）六水合硫酸镍（分析纯）；
（2）紫脲酸铵指示剂；
（3）氨 – 氯化铵缓冲溶液（pH ≈ 10）；
（4）乙二胺四乙酸二钠标准滴定溶液：[c(EDTA)=0.05mol/L]。

3. 分析步骤

称取 0.5g（精确至 0.0001g）样品，溶于 70mL 水中，加入 10mL 氨 – 氯化铵缓冲溶液（pH ≈ 10）及 0.2g 紫脲酸铵混合指示剂，用乙二胺四乙酸二钠标准滴定溶液 [c(EDTA)=0.05mol/L] 滴定至溶液呈蓝紫色。

六水合硫酸镍的质量分数 ω，按下式计算：

$$\omega = \frac{cVM}{m \times 1000} \times 100\%$$

式中 V——乙二胺四乙酸二钠标准滴定溶液体积的数值，单位为毫升（mL）；

c——乙二胺四乙酸二钠标准滴定溶液浓度的数值,单位为摩尔每升(mol/L);

M——六水合硫酸镍摩尔质量的数值,单位为克每摩尔(g/mol)[$M(NiSO_4 \cdot 6H_2O)=262.84$ g/mol];

m——样品质量的数值,单位为克(g)。

获取资讯

问题 1 $c(EDTA)=0.05$ mol/L EDTA 标准滴定溶液是否需要确定准确浓度?如何制备?

问题 2 写出紫脲酸铵指示剂作用机理。

工作计划

表:工作方案　　　　　　　　　　组别:

步骤	工作内容	负责人(任务分工)
1		
2		
3		
4		

表:仪器、试剂　　　　　　　　　　组别:

仪器	名称	规格	试剂	名称	浓度	配制方法

进行决策

(1)分组讨论 $c(EDTA)=0.05$ mol/L EDTA 标准滴定溶液制备、六水合硫酸镍含量的测定,画出流程图或者实物简图,并分组派代表阐述流程。

(2)师生共同讨论,选出最佳方案,绘制如下:

工作实施

(1) 领用并检查仪器是否破损。
(2) 领取试剂并配制溶液。
(3) 按照最佳方案完成测定任务。
(4) 总结实验注意事项。
(5) 数据记录并处理（自行设计两个数据表格）。

班级：_____ 姓名：_____ 日期：_____

学习要点

一、EDTA 标准滴定溶液

(1) EDTA 性质及 EDTA-M 螯合物特点。
(2) EDTA 标准溶液的配制——间接法　配制好的 EDTA 溶液应贮存在聚乙烯塑料瓶或硬质玻璃瓶中。

二、EDTA 条件稳定常数

主反应：M+Y⇌MY

$\lg K'_{MY} = \lg K_{MY} - \lg \alpha_{Y(H)}$（只考虑酸效应）

三、金属指示剂

常用指示剂	铬黑T（EBT）	二甲酚橙（XO）	钙指示剂（NN）	1-（2-吡啶）-2-萘酚（PAN）
适宜酸度	pH 为 8~10	pH < 6	pH 为 12~13	pH 为 2~12
MIn 颜色	红色	红色	红色	红色
In 颜色	蓝色	亮黄色	蓝色	黄色
使用中问题	指示剂的封闭现象、指示剂的僵化现象、指示剂的氧化变质现象			
指示剂具备条件	①颜色的差异性；②适当的稳定性；③良好的可逆性；④实用性			
变色机理	MIn+EDTA⇌M-EDTA+In			

四、配位滴定基本原理

(1) 影响滴定突跃范围的因素　条件稳定常数，金属离子浓度。
(2) 直接准确滴定单一金属离子
① 滴定可行性判断 $\lg K'_{MY} \geq 8$。

② 滴定的适宜酸度范围确定：最低 pH、最高 pH。
③ 滴定中要使用缓冲溶液，以控制溶液的酸度基本维持不变。

（3）酸效应曲线的应用　选择滴定的最低 pH 值、判断干扰、作为 $\lg\alpha_{Y(H)}$-pH 曲线使用等。

五、提高配位滴定选择性的方法

（1）控制酸度进行分步滴定。
（2）利用掩蔽和解蔽进行选择性滴定。
①配位掩蔽法；②沉淀掩蔽法；③氧化还原掩蔽法；④解蔽作用

巩固提升

一、选择题

1. 国家标准规定的标定 EDTA 溶液的基准试剂是（　　）。
   A. MgO　　　　　B. ZnO　　　　　C. Zn 片　　　　　D. Cu 片
2. 乙二胺四乙酸 (EDTA) 分子中可作配位原子的原子数为（　　）。
   A. 2　　　　　　B. 4　　　　　　C. 6　　　　　　D. 8
3. EDTA 与金属离子配位时，真正起作用的是（　　）。
   A. 二钠盐　　　　　　　　　　B. EDTA 分子
   C. 四价酸根离子　　　　　　　D. EDTA 的所有形态
4. 产生金属指示剂的封闭现象是因为（　　）。
   A. 指示剂不稳定　　　　　　　B. MIn 溶解度小
   C. $K'_{MIn} < K'_{MY}$　　　　D. $K'_{MIn} > K'_{MY}$
5. 产生金属指示剂的僵化现象是因为（　　）。
   A. 指示剂不稳定　　　　　　　B. MIn 溶解度小
   C. $K'_{MIn} < K'_{MY}$　　　　D. $K'_{MIn} > K'_{MY}$
6. 实验表明 EBT 应用于配位滴定中的最适宜酸度是（　　）。
   A. pH < 6.3　　B. pH=9～10.5　　C. pH>11　　D. pH=7～11
7. 测定水中钙的硬度时，Mg^{2+} 的干扰是用（　　）消除的。
   A. 控制酸度法　　　　　　　　B. 配位掩蔽法
   C. 氧化还原掩蔽法　　　　　　D. 沉淀掩蔽法

二、判断题

（　　）1. 乙二胺四乙酸 (EDTA) 是一种四元酸，它在水溶液中有七种存在型体，分别是 Y^{4-}、HY^{3-}、H_2Y^{2-}、H_3Y^-、H_4Y、H_5Y^+、H_6Y^{2+}。
（　　）2. 在配位滴定中，通常用 EDTA 的二钠盐，这是因为 EDTA 的二钠盐比 EDTA 溶解度小。

（　　）3. EDTA 与金属离子形成的配合物均无色。
（　　）4. 氨羧配位剂能与多数金属离子形成稳定的可溶性配合物的原因是含有配位能力很强的氨氮和羧氧两种配位原子。

三、填空题

1. EDTA 配合物的稳定性与其溶液的酸度有关。酸度愈 ____，稳定性愈 ____。
2. 酸效应是 _____，酸效应系数 $\alpha_{Y(H)}$ _____。
3. 单一金属离子准确滴定的条件是 _____。

四、计算题

1. 用纯 Zn 标定 EDTA 溶液，若称取的纯 Zn 粒为 0.5942g，用 HCl 溶液溶解后转入 500mL 容量瓶中，稀释至标线。吸取该锌标准溶液 25.00mL，用 EDTA 溶液滴定，消耗 24.05mL。计算 EDTA 溶液的准确浓度。$M(Zn)$=65.38g/mol。

2. 用纯 $CaCO_3$ 标定 EDTA 溶液。称取 0.2005g 纯 $CaCO_3$，溶解后用容量瓶配成 100.0mL 溶液，吸取 25.00mL，在 pH=12 时，用钙指示剂指示终点，用待标定的 EDTA 溶液滴定，用去 24.50mL。计算 EDTA 溶液的物质的量浓度。$M(CaCO_3)$=100.1g/mol。

3. 今取水样 50mL，调 pH=10.0，以铬黑 T 为指示剂，用 0.02000mol/L EDTA 标准溶液滴定，消耗 15.00mL；另取水样 50mL，调 pH=12.0，以钙指示剂为指示剂，用 0.02000 mol/L EDTA 标准溶液滴定，消耗 10.00mL。计算：水样中钙镁总硬度、钙硬度（以 $CaCO_3$ 表示）。$M(CaCO_3)$=100.1g/mol。

4. 测定合金钢中 Ni 的含量。称取 0.5000g 试样，处理后制成 250.0mL 试液。准确移取 50.00mL 试液，用丁二酮肟将其中沉淀分离。所得的沉淀溶于热 HCl 中，得到 Ni^{2+} 试液。在 Ni^{2+} 试液中，加入浓度为 0.05000mol/L 的 EDTA 标准溶液 30.00mL，反应完全后，多余的 EDTA 用 $c(Zn^{2+})$=0.02500 mol/L 标准液溶液返滴定，消耗 14.56mL，计算合金钢试样中 Ni 的质量分数。$M(Ni)$=58.69g/mol。

项目四

氧化还原滴定分析技术

以氧化还原反应为基础,基于氧化还原平衡的滴定分析法叫氧化还原滴定法,它是应用范围很广的一种滴定分析法。目前国家标准分析方法中很多是氧化还原法,如环境水样中COD、铁矿石中全铁、漂白粉中有效氯、加碘食盐中碘、维生素C的测定等都是使用氧化还原滴定法。

根据所用滴定剂的名称来命名,常用的有高锰酸钾法、重铬酸钾法、碘量法、溴酸钾法等。本教学项目以三个工作任务为引领,进行理实一体化教学,能够依据国家标准、药典及其他技术规范独立完成以下拓展任务,出具检验报告单。

引领任务

- 任务一 $KMnO_4$ 标准滴定溶液的制备
- 任务二 工业过氧化氢含量的测定
- 任务三 $K_2Cr_2O_7$ 标准滴定溶液的制备
- 任务四 化学需氧量COD的测定

拓展任务

- 任务五 硫代硫酸钠标准滴定溶液的制备
- 任务六 硫酸铜含量的测定
- 任务七 I_2 标准滴定溶液的制备
- 任务八 维生素C含量的测定

任务一

$KMnO_4$ 标准滴定溶液的制备

视频扫一扫
$KMnO_4$ 标准滴定溶液的制备

任务描述

市售高锰酸钾试剂常含有少量的 MnO_2 及其他杂质,使用的蒸馏水中也含有少量如有机物等还原性物质。这些物质都能与 MnO_4^- 反应析出 $MnO(OH)_2$ 沉淀使 $KMnO_4$ 还原,致使溶液浓度发生改变。因此 $KMnO_4$ 标准滴定溶液不能直接配制,而要采用间接法。配制好的标准溶液可以用来测定较清洁的水质COD值、氯化钙中钙含量、软锰矿中 MnO_2 含量等。

学习目标

素质目标:具备实验室安全意识、"质量第一"的责任意识、团队合作意识、环保意识；具备良好的实验习惯、严谨的思维方法、实事求是的工作作风。

知识目标： 掌握 $KMnO_4$ 标准滴定溶液制备的原理及计算；掌握间接法制备标准滴定溶液。

能力目标： 能规范使用酸式滴定管、电子分析天平等分析仪器；能准确判定终点颜色；能准确书写数据记录和检验报告。

任务书

请你解读以下标准（GB/T 601—2016），完成 $KMnO_4$ 标准滴定溶液的制备任务，并出具检验报告单。

1. 方法原理

标定 $KMnO_4$ 溶液的基准物很多，如 $Na_2C_2O_4$、$H_2C_2O_4 \cdot 2H_2O$、$(NH_4)_2Fe(SO_4)_2 \cdot 6H_2O$ 等。其中常用的是 $Na_2C_2O_4$，在 105~110℃ 烘至恒重，即可使用。

在酸度为 0.5~1mol/L 的 H_2SO_4 酸性溶液中，以 $KMnO_4$ 自身为指示剂，以 $Na_2C_2O_4$ 为基准物标定 $KMnO_4$ 溶液，反应式为：

$$5C_2O_4^{2-} + 2MnO_4^- + 16H^+ = 2Mn^{2+} + 10CO_2\uparrow + 8H_2O$$

标定时应注意以下条件：

（1）温度　$Na_2C_2O_4$ 溶液加热至 65℃ 再进行滴定。不能使温度超过 90℃，否则 $H_2C_2O_4$ 分解，导致标定结果偏高。

$$H_2C_2O_4 \xrightarrow{\geqslant 90℃} H_2O + CO_2\uparrow + CO\uparrow$$

（2）酸度　溶液应保持足够大的酸度，一般控制酸度为 0.5~1mol/L。如果酸度不足，易生成 MnO_2 沉淀，酸度过高则又会使 $H_2C_2O_4$ 分解。

（3）滴定速度　MnO_4^- 与 $C_2O_4^{2-}$ 的反应开始时速度很慢，当有 Mn^{2+} 离子生成之后，反应速度逐渐加快。这种生成物本身引起的催化作用的反应称为自动催化反应。但反应不能太快，否则加入的 $KMnO_4$ 溶液会因来不及与 $C_2O_4^{2-}$ 反应，就在热的酸性溶液中分解，导致标定结果偏低。

$$4MnO_4^- + 12H^+ = 4Mn^{2+} + 6H_2O + 5O_2\uparrow$$

若滴定前加入少量的 $MnSO_4$ 为催化剂，则在滴定的最初阶段就以较快的速度进行。

（4）滴定终点　用 $KMnO_4$ 溶液滴定至溶液呈粉红色 30s 不褪色即为终点。放置时间过长，空气中还原性物质能使 $KMnO_4$ 还原而褪色。

2. 任务准备

（1）$KMnO_4$ 固体；

（2）硫酸溶液：(8+92)；

（3）工作基准试剂草酸钠：在 105~110℃ 烘至恒重；

（4）玻璃滤埚；

（5）电烘箱。

3. 分析步骤

（1）配制　配制 $c(1/5KMnO_4)=0.1mol/L$ 的高锰酸钾标准滴定溶液。称取 3.3g

高锰酸钾，溶于 1050mL 水中，缓缓煮沸 15min，冷却，于暗处放置两周，用已处理过的 4 号玻璃滤坩（在同样浓度的高锰酸钾溶液中缓缓煮沸 5min）过滤。贮存于棕色瓶中。

（2）标定　称取 0.25g 已于 105～110℃电烘箱中干燥至恒重的工作基准试剂草酸钠，溶于 100mL 硫酸溶液（8+92）中，用配制好的高锰酸钾溶液滴定，近终点时加热至约 65℃，继续滴定至溶液呈粉红色，并保持 30s。平行测定 4 次，同时做空白试验。

高锰酸钾标准滴定溶液的浓度 [$c(1/5KMnO_4)$]，以摩尔每升 (mol/L) 表示，按下式计算：

$$c(1/5KMnO_4)=\frac{m\times 1000}{(V_1-V_2)M}$$

式中　m——草酸钠质量，单位为克 (g)；
　　　V_1——高锰酸钾溶液体积，单位为毫升 (mL)；
　　　V_2——空白试验消耗高锰酸钾溶液体积，单位为毫升 (mL)；
　　　M——草酸钠的摩尔质量，单位为克每摩尔 (g/mol)[$M(1/2Na_2C_2O_4)$= 66.999g/mol]。

获取资讯

问题 1　$KMnO_4$ 法使用的指示剂是什么？

问题 2　用 $Na_2C_2O_4$ 基准物质标定 $KMnO_4$ 溶液的浓度，为什么用 H_2SO_4 调节酸度？可否用 HCl 或 HNO_3？

问题 3　在酸性条件下，以 $KMnO_4$ 溶液滴定 $Na_2C_2O_4$ 时，开始紫色褪去较慢，后来褪去较快，为什么？

问题 4　若用（NH_4）$_2$Fe（SO_4）$_2\cdot 6H_2O$ 为基准物质标定 $KMnO_4$ 溶液，试写出反应式和 $KMnO_4$ 溶液浓度的计算公式。

问题 5　$KMnO_4$ 溶液应装于哪种滴定管中，为什么？说明读取滴定管中 $KMnO_4$ 溶液体积的正确方法。

问题 6　装 $KMnO_4$ 溶液的锥形瓶、烧杯或滴定管，放置久后壁上常有棕色沉淀物，它是什么？怎样才能洗净？

问题 7　依据称取基准物草酸钠的质量，怎样计算消耗 $KMnO_4$ 标准滴定溶液的体积？

工作计划

表：工作方案　　　　　　　　　组别：

步骤	工作内容	负责人（任务分工）
1		
2		
3		
4		

表：仪器、试剂　　　　　　　　　　　　组别：

仪器	名称	规格	试剂	名称	浓度	配制方法

📋 进行决策

（1）分组讨论 $KMnO_4$ 标准溶液配制、标定实验过程，画出流程图或者实物简图，并分组派代表阐述流程。

（2）师生共同讨论，选出最佳方案，绘制如下：

```
┌─────────────────────────────────────────────────────────────┐
│                                                             │
│                                                             │
│                                                             │
│                                                             │
│                                                             │
│                                                             │
└─────────────────────────────────────────────────────────────┘
```

🛠 工作实施

（1）领用并检查仪器是否破损。
（2）领取试剂并配制溶液。
（3）牢记注意事项，按照最佳方案完成标定任务。

> **注意事项**
>
> ① 为使配制的高锰酸钾溶液浓度达到欲配制浓度，通常称取稍多于理论用量的固体 $KMnO_4$。
> ② 标定好的 $KMnO_4$ 溶液在放置一段时间后，若发现有沉淀析出，应重新过滤并标定。
> ③ 当用 $KMnO_4$ 溶液滴定草酸钠溶液至溶液呈粉红色，并保持 30s 不褪色时即为终点。放置时间较长时，空气中还原性物质及尘埃可能落入溶液中使 $KMnO_4$ 缓慢分解，溶液颜色逐渐消失。
> ④ 标定条件的控制：近终点时加热至约 65℃；酸度 0.5～1mol/L 硫酸溶液；滴定速度适当；终点半分钟不褪色。

（4）数据记录并处理

班级：_____   姓名：_____   日期：_____

表：$KMnO_4$ 标准滴定溶液的标定

项目	编号			
	1	2	3	4
基准物质量 $m(Na_2C_2O_4)$/g				
滴定消耗 $KMnO_4$ 体积 /mL				
空白消耗 $KMnO_4$ 体积 /mL				
$c(1/5KMnO_4)$/mol·L^{-1}				
$\bar{c}(1/5KMnO_4)$/mol·L^{-1}				
相对极差 /%				

要求：以第一组数据为例写出计算公式及过程。

依据标定结果，分析本次标定引入的个人误差。

评价反馈

各组汇报、展示成果,有疑难问题交流讨论。

综合评价表

班级			姓名		
工作任务					
评价指标	评价要素	分值	评分		
			自评	互评	师评
考勤(10%)	无迟到、早退、旷课现象	10			
职业素养考核(30%)	穿实验服、规范整洁	5			
	安全意识、责任意识、环保意识、服从意识	5			
	团队合作、与人交流能力	5			
	劳动纪律,诚信、敬业、科学、严谨	5			
	提出问题、分析问题、解决问题能力	5			
	工作现场管理符合6S标准	5			
专业能力考核(60%)	积极参加教学活动,按时完成学生工作活页	10			
	滴定管、电子分析天平操作符合规范(每错1处,扣5分)	10			
	高锰酸钾滴定终点颜色判断准确(每错1次,扣5分)	20			
	规范记录数据,正确填写报告单,报出结果(每错1处,扣3分)	20			
总分					
总评	自评(20%)+互评(30%)+师评(50%)	综合等级		教师:	

任务二
工业过氧化氢含量的测定

📋 任务描述

工业过氧化氢（俗名双氧水），为无色透明液体。该产品可用作氧化剂、漂白剂和清洗剂等。过氧化氢含量指标为出厂的保证值，在符合执行标准贮存和运输的条件下，六个月内过氧化氢含量降低率：优等品不大于4%；合格品不大于8%。请你对放置三个月的30%双氧水进行检测，并出具检验报告单。

视频扫一扫

工业过氧化氢含量的测定

🎯 学习目标

素质目标：具备实验室安全意识、"质量第一"的责任意识、团队合作意识、环保意识；具备良好的实验习惯、严谨的思维方法、实事求是的工作作风。

知识目标：掌握过氧化氢测定的原理及计算；了解双氧水的用途。

能力目标：能进一步规范使用酸式滴定管、电子分析天平等分析仪器；能准确称量液体试样；能准确判定指示剂终点颜色；能准确书写数据记录和检验报告。

📝 任务书

请你解读以下标准 GB/T 1616—2014，完成工业过氧化氢测定任务，并出具检验报告单。

1. 方法原理

在酸性溶液中用 $KMnO_4$ 标准滴定溶液直接滴定测得 H_2O_2 的含量。反应式为：

$$5H_2O_2+2MnO_4^-+6H^+ =\!=\!= 2Mn^{2+}+8H_2O+5O_2\uparrow$$

以 $KMnO_4$ 自身为指示剂，用高锰酸钾标准滴定溶液滴定至溶液呈粉红色，并在30 s内不消失即为终点。

2. 任务准备

（1）$KMnO_4$ 标准滴定溶液：$c(1/5KMnO_4)=0.1mol/L$；
（2）H_2SO_4 溶液：1+15；
（3）过氧化氢试样。

3. 分析步骤

不同含量试样的过氧化氢试样分析步骤见表4-1。

表 4-1　不同含量试样的过氧化氢试样分析步骤

不同含量试样	27.5%~35% 过氧化氢试样	50%~70% 过氧化氢试样
试样称量	用 10~25mL 的滴瓶以减量法称取约 0.16g 试样,精确至 0.0002g,置于已加有 100mL 硫酸溶液的 250mL 锥形瓶中	称取 0.8~0.9g,精确至 0.0002g,置于 250mL(V_0)容量瓶中用水稀释至刻度,摇匀。用移液管移取 25mL(V_1)稀释后的溶液置于已加有 100mL 硫酸溶液的 250mL 锥形瓶中
测定	用高锰酸钾标准滴定溶液滴定至溶液呈粉红色,并在 30s 内不消失即为终点	
计算公式	$\omega_1 = \dfrac{cVM \times 10^{-3}}{m} \times 100\%$	$\omega_1 = \dfrac{cVM \times 10^{-3}}{m(V_1/V_0)} \times 100\%$
式中	\multicolumn{2}{l}{V——滴定中消耗的高锰酸钾标准滴定溶液的体积,单位为毫升(mL); c——高锰酸钾标准滴定溶液的浓度,单位为摩尔每升(mol/L); M——过氧化氢(1/2 H_2O_2)的摩尔质量(M=17.01),单位为克每摩尔(g/mol); m——试料的质量,单位为克(g); V_1——移取 50%~70% 的过氧化氢试样稀释后的试验溶液的体积,单位为毫升(mL); V_0——50%~70% 的过氧化氢试样稀释后的试验溶液的体积的数值,单位为毫升(mL)。取平行测定结果的算术平均值为测定结果,两次平行测定结果的绝对差值不大于 0.10%}	

📖 获取资讯

问题 1　写出测定 H_2O_2 含量用到的反应式。

问题 2　H_2O_2 与 $KMnO_4$ 反应较慢,能否通过加热溶液的方法来加快反应速度?为什么?

问题 3　如何估算 H_2O_2 液体的质量?

📅 工作计划

表:工作方案　　　　　　　　　　　组别:

步骤	工作内容	负责人(任务分工)
1		
2		
3		
4		

表:仪器、试剂　　　　　　　　　　组别:

仪器	名称	规格	试剂	名称	浓度	配制方法

进行决策

（1）分组讨论过氧化氢的测定过程，画出流程图或者实物简图，并分组派代表阐述流程。

（2）师生共同讨论，选出最佳方案，绘制如下：

工作实施

（1）领用并检查仪器是否破损。
（2）领取试剂并配制溶液。
（3）牢记注意事项，按照最佳方案完成测定任务。

注意事项

① 过氧化氢是强氧化剂，日光直接照射或灰尘等杂质混入可导致剧烈分解，甚至爆炸。此外，长期与易燃物质如木屑、纤维等接触，可引起自燃。

② 过氧化氢对皮肤有漂白及灼烧作用，其蒸汽可引起流泪，刺激鼻及喉黏膜。

笔记区

（4）数据记录并处理

班级：_____　　姓名：_____　　日期：_____

表：过氧化氢 (27.5% ～ 30%) 含量的测定

项目	编号			
	1	2	3	4
$c(1/5KMnO_4)/mol \cdot L^{-1}$				
样品质量 m/g				
消耗 $KMnO_4$ 体积 /mL				
$\omega(H_2O_2)/\%$				
$\bar{\omega}(H_2O_2)/\%$				
相对极差 /%				

要求：以第一组数据为例写出计算公式及过程。

根据本实验分析结果，对该工业过氧化氢质量进行评价。

评价反馈

各组汇报、展示成果，有疑难问题交流讨论。

综合评价表

班级			姓名			
工作任务						
评价指标	评价要素	分值	评分			
			自评	互评	师评	
考勤（10%）	无迟到、早退、旷课现象	10				
职业素养考核（30%）	穿实验服、规范整洁	5				
	安全意识、责任意识、环保意识、服从意识	5				
	团队合作、与人交流能力	5				
	劳动纪律，诚信、敬业、科学、严谨	5				
	提出问题、分析问题、解决问题能力	5				
	工作现场管理符合 6S 标准	5				
专业能力考核（60%）	积极参加教学活动，按时完成学生工作活页	10				
	滴定管、液体样品称量操作符合规范（每错 1 处，扣 5 分）	10				
	高锰酸钾滴定终点颜色判断准确（每错 1 次，扣 5 分）	20				
	规范记录数据，正确填写报告单，报出结果（每错 1 处，扣 3 分）	20				
	总分					
总评	自评（20%）+ 互评（30%）+ 师评（50%）	综合等级		教师：		

知识链接

知识点 1　高锰酸钾法

一、原理

高锰酸钾法是以 $KMnO_4$ 为滴定剂的滴定分析方法。$KMnO_4$ 是一种强氧化剂,它的氧化能力和还原产物与溶液的酸度有关,见表 4-2。

视频扫一扫

高锰酸钾法

表 4-2　高锰酸钾电对及其标准电极电位

介质	电对反应	$\varphi^{\ominus}$	应用条件
酸性	$MnO_4^- + 8H^+ + 5e \rightleftharpoons Mn^{2+} + 4H_2O$	1.51	$0.5 \sim 1mol/L H_2SO_4$ 强酸性介质下使用,不宜在 HCl、HNO_3 介质中使用
中性微碱性	$MnO_4^- + 2H_2O + 3e \rightleftharpoons MnO_2 + 4OH^-$	0.59	由于反应产物为棕色的 MnO_2 沉淀,妨碍终点观察,所以很少使用
强碱性	$MnO_4^- + e \rightleftharpoons MnO_4^{2-}$	0.56	在 pH>12 的强碱性溶液中用高锰酸钾氧化有机物

在强酸性溶液中,$KMnO_4$ 基本单元为 $1/5KMnO_4$。

$KMnO_4$ 法是以 $KMnO_4$ 自身为指示剂。滴定到化学计量点后,只要 $KMnO_4$ 稍微过量半滴就能使溶液呈现粉红色,指示滴定终点的到达。

$KMnO_4$ 标准溶液不能直接配制,制备方法见本项目任务一。

二、$KMnO_4$ 应用

$KMnO_4$ 氧化能力强,应用广泛,可直接或间接地测定多种无机物和有机物。

1. 直接滴定法——H_2O_2 的测定

可用 $KMnO_4$ 标准溶液直接滴定 H_2O_2 及碱金属、碱土金属的过氧化物等物质。

2. 间接滴定法——Ca^{2+} 的滴定

$$Ca^{2+} \xrightarrow{C_2O_4^{2-}} CaC_2O_4 \downarrow \xrightarrow{H_2SO_4 \text{溶解沉淀}} H_2C_2O_4 \xrightarrow[\text{滴定}]{KMnO_4} \begin{array}{c} CO_2 \\ Mn^{2+} \end{array}$$

3. 返滴定法——化学需氧量(COD, chemical oxygen demand)的测定

COD 是量度水体受还原物质(主要是有机物)污染程度的综合指标。它是指水体中易被强氧化剂氧化的还原性物质所消耗的氧化剂的量。

$$\text{水样} \xrightarrow[H^+ \text{煮沸}]{KMnO_4 \text{标液}} KMnO_4 (\text{过量}) \xrightarrow[H^+]{Na_2C_2O_4 \text{标液}} \begin{array}{c} Mn^{2+} \\ CO_2 \end{array} + C_2O_4^{2-} (\text{过量}) \xrightarrow{KMnO_4 \text{滴定}} \begin{array}{c} CO_2 \\ Mn^{2+} \end{array}$$

任务三

$K_2Cr_2O_7$ 标准滴定溶液的制备

任务描述

$K_2Cr_2O_7$ 易提纯，可以制成基准物质，在 140～150℃干燥 2h 后，直接配制标准溶液。也可以采用分析纯 $K_2Cr_2O_7$ 间接配制。$K_2Cr_2O_7$ 标准溶液相当稳定，保存在密闭容器中，浓度可长期保持不变。配制好的标准溶液可以用来测定污染较重的水质的 COD、铁矿石中全铁量、绿矾中亚铁含量等。

学习目标

素质目标：具备实验室安全意识、"质量第一"的责任意识、团队合作意识、环保意识；具备良好的实验习惯、严谨的思维方法、实事求是的工作作风。

知识目标：掌握 $K_2Cr_2O_7$ 标准滴定溶液制备的原理及计算；掌握废液的处理方法。

能力目标：能规范使用滴定管、电子分析天平等容量分析仪器；能准确判定淀粉指示剂终点颜色；学会正确地配制相关溶液；能依据实验设计数据表格等内容；能准确书写数据记录和检验报告。

任务书

请解读以下标准（GB/T 601—2016），完成重铬酸钾标准滴定溶液的制备任务，并出具检验报告单。

1. 方法原理

间接法：使用分析纯 $K_2Cr_2O_7$ 试剂配制标准溶液。在一定量 $K_2Cr_2O_7$ 溶液中加入过量 KI 溶液及 H_2SO_4 溶液，生成的 I_2 用 $Na_2S_2O_3$ 标准溶液滴定。反应式为：

$$Cr_2O_7^{2-} + 6I^- + 14H^+ = 2Cr^{3+} + 3I_2 + 7H_2O$$
$$I_2 + 2S_2O_3^{2-} = 2I^- + S_4O_6^{2-}$$

以淀粉指示剂确定终点。

直接法：用基准试剂 $K_2Cr_2O_7$ 直接配制。基准试剂 $K_2Cr_2O_7$ 在 120℃±2℃干燥 2h 预处理后，用直接法配制标准滴定溶液。

2. 任务准备

（1）基准物质 $K_2Cr_2O_7$：于 120℃烘干至恒重；
（2）$K_2Cr_2O_7$ 固体；
（3）KI 固体；
（4）H_2SO_4 溶液：20%；
（5）$Na_2S_2O_3$ 标准滴定溶液：$c(Na_2S_2O_3)=0.1mol/L$；
（6）淀粉指示液：10g/L。

3. 分析步骤

配制 $c(1/6K_2Cr_2O_7)=0.1mol/L$ 的 $K_2Cr_2O_7$ 标准滴定溶液。

（1）方法一

① 配制。称取 5g 重铬酸钾，溶于 1000mL 水中，摇匀。

② 标定。量取 35.00～40.00mL 配制好的重铬酸钾溶液，置于碘量瓶中，加 2g 碘化钾及 20mL 硫酸溶液（20%），摇匀，于暗处放置 10min。加 150mL 水（15～20℃），用硫代硫酸钠标准滴定溶液 $[c(Na_2S_2O_3)=0.1mol/L]$ 滴定，近终点时加 2mL 淀粉指示液，继续滴定至溶液由蓝色变为亮绿色。平行测定 4 次，同时做空白试验。

重铬酸钾标准滴定溶液的浓度 $[c(1/6K_2Cr_2O_7)]$，按下式计算：

$$c(1/6K_2Cr_2O_7)=\frac{(V_1-V_2)c}{V}$$

式中　V_1——硫代硫酸钠标准滴定溶液体积，单位为毫升 (mL)；

　　　V_2——空白试验消耗硫代硫酸钠标准滴定溶液体积，单位为毫升 (mL)；

　　　c——硫代硫酸钠标准滴定溶液浓度，单位为摩尔每升 (mol/L)；

　　　V——重铬酸钾溶液体积，单位为毫升 (mL)。

（2）方法二　称取 4.90g±0.20g 已在 120℃±2℃ 的电烘箱中干燥至恒重的工作基准试剂重铬酸钾，溶于水，移入 1000mL 容量瓶中，稀释至刻度。

重铬酸钾标准滴定溶液的浓度 $[c(1/6K_2Cr_2O_7)]$，按下式计算：

$$c(1/6K_2Cr_2O_7)=\frac{m\times1000}{VM}$$

式中　m——重铬酸钾质量，单位为克 (g)；

　　　V——重铬酸钾溶液体积，单位为毫升 (mL)；

　　　M——重铬酸钾的摩尔质量，单位为克每摩尔 (g/mol)[$M(1/6K_2Cr_2O_7)$=49.031g/mol]。

获取资讯

问题 1　直接法制备 $K_2Cr_2O_7$ 标准溶液的步骤有哪些？

问题 2　间接法配制 $K_2Cr_2O_7$ 标准滴定溶液，用水封碘量瓶口的目的是什么？于暗处放置 10min 的目的是什么？

问题 3　用间接碘量法标定 $K_2Cr_2O_7$ 溶液的原理是什么？标定时，淀粉指示剂何时加入？

问题 4　加入 KI 作用是什么？

问题 5　$K_2Cr_2O_7$ 溶液应装在何种滴定管中？为什么？

工作计划

表：工作方案　　　　　　　　　　　　组别：

步骤	工作内容	负责人（任务分工）
1		

续表

步骤	工作内容	负责人（任务分工）
2		
3		
4		

表：仪器、试剂　　　　　　　　　　　　　组别：

仪器	名称	规格	试剂	名称	浓度	配制方法

进行决策

（1）分组讨论间接法制备 $K_2Cr_2O_7$ 标准滴定溶液过程，针对过程画出流程图或者实物简图，并分组派代表阐述流程。

（2）师生共同讨论，选出最佳方案，绘制如下：

工作实施

（1）领用并检查仪器是否破损。
（2）领取试剂并配制溶液。
（3）牢记注意事项，按照最佳方案完成制备任务。

注意事项

① $K_2Cr_2O_7$ 与 KI 反应慢，溶液酸度越大，反应越快。但酸度太大时，I^- 容易被空气中的 O_2 氧化，一般保持酸度为 0.4mol/L。
② KI 用量应为理论计算量的 2～3 倍。

③ 用 $Na_2S_2O_3$ 滴定生成的 I_2 时应保持溶液呈中性或弱酸性。所以常在滴定前用蒸馏水稀释，降低酸度。通过稀释，还可以减少 Cr^{3+}（绿色）对终点的影响。

(4) 数据记录并处理（自行设计数据表格）

班级：_____ 姓名：_____ 日期：_____

任务四
化学需氧量 COD 的测定

📋 任务描述

化学需氧量（COD 或 COD_{Cr}）是指在一定条件下，水中的还原性物质在外加的强氧化剂的作用下，被氧化分解时所消耗氧化剂的数量，以氧的质量浓度（mg/L）表示。化学需氧量反映了水体受还原性物质污染的程度，这些物质包括有机物、亚硝酸盐、亚铁盐、硫化物等，但一般水及废水中无机还原性物质的数量相对不大，而有机物数量较多，因此，COD 可作为有机物质相对含量的一项综合性指标。

视频扫一扫

化学需氧量的测定

⚙️ 学习目标

素质目标： 通过实验结束后含铬废液的统一回收处理，培养学生安全环保意识，使学生树立绿色化学理念，培养学生的责任感、使命感。理解习近平总书记提出的"绿水青山就是金山银山"金句名言。

知识目标： 掌握废水中 COD 的测定原理及计算；掌握重铬酸钾法的应用。

能力目标： 能规范使用滴定管、电子分析天平等容量分析仪器；能准确判断试亚铁灵指示剂终点颜色；能依据实验设计数据表格等内容；能准确书写数据记录和检验报告。

📝 任务书

某环境监测站要求采用重铬酸钾法测定该厂污水水质 COD 值，请你解读以下标准（HJ 828—2017），完成此项任务，并出具检验报告单。

1. **方法原理**

在水样中加入已知量的重铬酸钾标准溶液，并在强酸性介质下，以银盐作催化剂，经沸腾回流后，以试亚铁灵作指示剂，用硫酸亚铁铵标准溶液滴定水样中未被还原的重铬酸钾，根据所消耗的重铬酸钾标准溶液量，计算出消耗氧的质量浓度。

2. 任务准备

除非另有说明，实验时所用试剂均为符合国家标准的分析纯试剂。

（1）硫酸：$\rho=1.84g/mL$，优级纯。

（2）试亚铁灵指示剂：1,10- 菲绕啉（商品名为邻菲罗啉、1,10- 菲罗啉等）指示剂溶液。

溶解 0.7g 七水合硫酸亚铁于 50mL 水中，加入 1.5g 1,10- 菲绕啉，搅拌至溶解，稀释至 100mL。

（3）重铬酸钾溶液

① 重铬酸钾标准溶液 $c(\frac{1}{6}K_2Cr_2O_7)=0.2500mol/L$：准确称取预先在 120℃烘干 2h 的基准试剂 12.258g 溶于水中，移入 1000mL 容量瓶，稀释至标线，摇匀。

② 重铬酸钾标准溶液 $c(\frac{1}{6}K_2Cr_2O_7)=0.0250mol/L$：将上述溶液准确稀释 10 倍。

（4）硫酸银－硫酸溶液：称取 10g 硫酸银，加到 1L 硫酸（2.1）中，放置 1～2d 使之溶解，并摇匀，使用前小心摇动。

（5）硫酸汞溶液：$\rho=100g/L$，称取 10g 硫酸汞，溶于 100mL 硫酸溶液（1+9）中，混匀。

硫酸汞为剧毒物质，实验人员应避免与其直接接触，样品前处理过程应在通风橱中进行。

（6）硫酸亚铁铵标准溶液：

① 配制 $c[(NH_4)_2Fe(SO_4)_2·6H_2O]=0.05\ mol/L$ 溶液。

称取 19.5g 硫酸亚铁铵溶解于水中，加入 10mL 硫酸，待溶液冷却后稀释至 1000mL。

每日临用前，必须用重铬酸钾标准溶液（0.0250mol/L）准确标定硫酸亚铁铵溶液（0.05mol/L）的浓度：标定时应做平行双样。

取 5.00mL 重铬酸钾标准溶液（0.2500mol/L）置于锥形瓶中，用水稀释至约 50mL，缓慢加入 15mL 硫酸，混匀，冷却后加入 3 滴（约 0.15mL）试亚铁灵指示剂，用硫酸亚铁铵（0.05mol/L）滴定，溶液的颜色由黄色经蓝绿色变为红褐色即为终点，记录下硫酸亚铁铵的消耗量 V（mL）。硫酸亚铁铵标准滴定溶液浓度按下式计算：

$$c=\frac{1.25}{V}$$

式中 V——滴定时消耗硫酸亚铁铵溶液的体积，mL。

② 硫酸亚铁铵标准溶液 $c[(NH_4)_2Fe(SO_4)_2·6H_2O]=0.005mol/L$。

将 0.05mol/L 的溶液稀释 10 倍，用重铬酸钾标准溶液（0.0250mol/L）标定，其滴定步骤及浓度计算同上。每日临用前标定。

（7）邻苯二甲酸氢钾标准溶液：$c(KC_8H_5O_4)=2.0824mmol/L$。

称取 105℃干燥 2h 的邻苯二甲酸氢钾 0.4251g 溶于水，并稀释至 1000mL，混匀。以重铬酸钾为氧化剂，将邻苯二甲酸氢钾完全氧化的 COD_{Cr} 值为 1.176g 氧/g（即 1g 邻苯二甲酸氢钾耗氧 1.176g），故该标准溶液理论的 COD_{Cr} 值为 500mg/L。

硫酸亚铁铵溶液的标定

(8) 防爆沸玻璃珠。

(9) 回流装置：磨口 250mL 锥形瓶的全玻璃回流装置，可选用水冷或风冷全玻璃回流装置，其他等效冷凝回流装置亦可。

(10) 加热装置：电炉或其他等效消解装置。

3. 分析步骤

(1) 样品采集　采集的水样不少于 100mL，应置于玻璃瓶中，并尽快分析。如不能立即分析时，应加入硫酸至 pH<2，置于 4℃下保存，保存时间不超过 5d。

(2) 样品测定

① COD_{Cr} 浓度≤50mg/L 的样品。取 10.0mL 水样（样品浓度低时，取样体积可适当增加）于锥形瓶中，依次加入硫酸汞溶液、重铬酸钾标准溶液（0.0250mol/L）5.00mL 和几颗防爆沸玻璃珠，摇匀。硫酸汞溶液按质量比 $m(HgSO_4) : m(Cl^-) \geqslant 20 : 1$ 的比例加入，最大加入量为 2mL。

将锥形瓶连接到回流装置冷凝管下端，从冷凝管上端缓慢加入 15mL 硫酸银-硫酸溶液。以防止低沸点有机物的逸出，不断旋动锥形瓶使之混合均匀。自溶液开始沸腾起保持微沸回流 2h。若为水冷装置，应在加入硫酸银-硫酸溶液之前，通入冷凝水。

回流冷却后，自冷凝管上端加入 45mL 水冲洗冷凝管，使溶液体积在 70mL 左右，取下锥形瓶。

溶液冷却至室温后，加入 3 滴试亚铁灵指示剂溶液，用硫酸亚铁铵标准溶液（0.005mol/L）滴定，溶液的颜色由黄色经蓝绿色变为红褐色即为终点。记下硫酸亚铁铵标准溶液的消耗体积 V_1。

② COD_{Cr} 浓度>50mg/L 的样品。取 10.0mL 水样于锥形瓶中，依次加入硫酸汞溶液、重铬酸钾标准溶液（0.2500mol/L）5.00mL 和几颗防爆沸玻璃珠，摇匀。其余操作与①相同。

待溶液冷却至室温后，加入 3 滴试亚铁灵指示剂溶液，用硫酸亚铁铵标准溶液（0.05mol/L）滴定，溶液的颜色由黄色经蓝绿色变为红褐色即为终点。记下硫酸亚铁铵标准溶液的消耗体积 V_1。

(3) 空白试验　按样品测定相同步骤以 10.0mL 试剂水代替水样进行空白试验，记录下空白滴定时消耗硫酸亚铁铵标准溶液的体积 V_0。每批样品应至少做两个空白试验。

4. 结果计算与表示

(1) 结果计算　按下式计算样品中化学需氧量的质量浓度 ρ（mg/L）。

$$\rho = \frac{c \times (V_0 - V_1) \times 8000}{V_2} \times f$$

式中　c——硫酸亚铁铵标准溶液的浓度，mol/L；
　　　V_0——空白试验所消耗的硫酸亚铁铵标准溶液的体积，mL；
　　　V_1——水样测定所消耗的硫酸亚铁铵标准溶液的体积，mL；
　　　V_2——水样的体积，mL；
　　　f——样品稀释倍数；

8000——$\frac{1}{4}$ O_2 的摩尔质量,以 mg/L 为单位的换算值。

(2) 结果表示　当 COD_{Cr} 测定结果小于 100mg/L 时保留至整数位;当测定结果大于或等于 100mg/L 时,保留三位有效数字。

5. 注意事项

① 实验室产生的废液应统一收集,委托有资质单位集中处理。

② 消解时应使溶液缓慢沸腾,不宜爆沸。如出现爆沸,说明溶液中出现局部过热,会测定结果有误。爆沸的原因可能是加热过于激烈,或是防爆沸玻璃珠的效果不好。

③ 试亚铁灵指示剂的加入量虽然不影响临界点,但应该尽量一致。当溶液的颜色先绿色再变到红褐色即达到终点,几分钟后可能还会重现蓝绿色。

④ 重铬酸钾标准溶液和硫酸亚铁铵标准溶液的浓度根据 COD 浓度大小选择。见表 4–3。

表 4–3　重铬酸钾和硫酸亚铁铵标准溶液浓度的选择

COD_{Cr} 浓度 /mg·L^{-1}	$c(\frac{1}{6}K_2Cr_2O_7)$ 标准溶液浓度 /mol·L^{-1}	硫酸亚铁铵标准溶液浓度 /mol·L^{-1}
> 50	0.250	0.05
≤ 50	0.0250	0.005

获取资讯

问题 1　什么是 COD?测定 COD 的意义是什么?
问题 2　COD 测定的原理是什么?
问题 3　如何判断样品中 COD_{Cr} 浓度是否大于 50mg/L?

工作计划

表:工作方案　　　　　　　　　　　组别:

步骤	工作内容	负责人
1		
2		
3		
4		
5		
6		

表：仪器、试剂　　　　　　　　　　　　　组别：

仪器	名称	规格	试剂	名称	浓度	配制方法

进行决策

（1）分组讨论硫酸亚铁铵标准溶液标定、COD含量的测定实验过程，画出流程图或者实物简图，并分组派代表阐述流程。

（2）师生共同讨论，选出最佳方案，绘制如下：

工作实施

（1）领用并检查仪器是否破损。
（2）领取试剂并配制溶液。
（3）组装回流装置，按照最佳方案完成标定和测定任务。
（4）数据记录并处理（自行设计数据表格）

班级：＿＿＿＿＿＿　　姓名：＿＿＿＿＿＿　　日期：＿＿＿＿＿＿

知识点2　重铬酸钾法

一、原理

$K_2Cr_2O_7$是一种常用的氧化剂之一，它具有较强的氧化性，在酸性介质中$Cr_2O_7^{2-}$被还原为Cr^{3+}，其电极反应如下：

$$Cr_2O_7^{2-}+14H^++6e \longrightarrow 2Cr^{3+}+7H_2O \qquad \varphi^{\ominus}_{Cr_2O_7^{2-}/Cr^{3+}}=1.33V$$

视频扫一扫
重铬酸钾法

$K_2Cr_2O_7$ 的基本单元为 $1/6 K_2Cr_2O_7$。

氧化还原指示剂是一些复杂的有机化合物，它们本身具有氧化还原性质，其氧化型与还原型具有不同的颜色。若以 In（Ox）和 In（Red）分别代表指示剂的氧化态和还原态，指示剂作用原理：

$$In（Ox）+ne \rightleftharpoons In（Red） \qquad \varphi_{In} = \varphi_{In}^{\ominus} + \frac{0.059}{n}\lg\frac{[Ox]}{[Red]}$$

A 色   B 色 （A 色与 B 色不同）

当 $\frac{[Ox]}{[Red]} \geq 10$ 时，指示剂呈氧化型颜色；当 $\frac{[Ox]}{[Red]} \leq \frac{1}{10}$ 时，指示剂呈还原型颜色。

溶液中 φ 变化 → 结构发生变化 → 溶液颜色改变 → 指示终点到达

指示剂的条件电势尽量与反应的化学计量点电势一致。附录七中列出了部分常用的氧化还原指示剂。

二、重铬酸钾法应用

重铬酸钾法主要用于铁矿石的勘探、采掘以及钢铁冶炼过程中，也用于水和废水的检验，如测定化学需氧量。

（1）铁矿石中全铁量的测定　重铬酸钾法是测定铁矿石中全铁量的标准方法。滴定反应为：$Cr_2O_7^{2-}+6Fe^{2+}+14H^+ = 2Cr^{3+}+6Fe^{3+}+7H_2O$

铁矿 $\xrightarrow{溶样}$ Fe^{3+} / Fe^{2+} $\xrightarrow[预还原]{SnCl_2}$ Fe^{2+} $\xrightarrow[H_2SO_4-H_3PO_4]{K_2Cr_2O_7 \text{ 滴定}}$ Fe^{3+} / Cr^{3+}

（2）水中化学需氧量（COD_{Cr}）　COD_{Mn} 只适用于较为清洁水样测定，若需要测定污染严重的生活污水和工业废水则需要用 $K_2Cr_2O_7$ 法。用 $K_2Cr_2O_7$ 法测定的化学需氧量用 COD_{Cr}（O，mg/L）表示。COD_{Cr} 是衡量污水被污染程度的重要指标。

水样 $\xrightarrow[\substack{H^+, Ag_2SO_4 \\ 加热回流}]{K_2Cr_2O_7 \text{ 标液}}$ $K_2Cr_2O_7$(过量) $\xrightarrow[滴定]{Fe^{2+}}$ Fe^{3+} / Cr^{3+}

任务五
硫代硫酸钠标准滴定溶液的制备

任务描述

固体 $Na_2S_2O_3 \cdot 5H_2O$ 试剂一般都含有少量杂质，如 Na_2SO_3、Na_2CO_3、NaCl 和 S 等，并且放置过程中易风化，因此不能用直接法配制标准滴定溶液。

Na$_2$S$_2$O$_3$ 溶液有"三怕",即怕光、怕细菌、怕空气,所以要正确地配制和保存 Na$_2$S$_2$O$_3$ 溶液。配制好的标准溶液可以用来测定胆矾中硫酸铜、注射液中葡萄糖、漂白粉中有效氯、加碘食盐中碘含量等。

视频扫一扫

硫代硫酸钠标准滴定溶液的制备

学习目标

素质目标:具备实验室安全意识、"质量第一"的责任意识、团队合作意识、环保意识;具备良好的实验习惯、严谨的思维方法、实事求是的工作作风。

知识目标:掌握碘量法 Na$_2$S$_2$O$_3$ 标准溶液制备的原理及计算;掌握间接碘量法减小误差的方法。

能力目标:能规范使用滴定管、电子分析天平等容量分析仪器;能准确判断淀粉指示剂终点颜色;能准确书写数据记录和检验报告。

任务书

请你解读以下标准(GB/T 601—2016),完成 Na$_2$S$_2$O$_3$ 标准滴定溶液的制备任务,并出具检验报告单。

1. 方法原理

配制 Na$_2$S$_2$O$_3$ 溶液时,应当用新煮沸并冷却的蒸馏水,加入少量 Na$_2$CO$_3$,使溶液呈弱碱性,以抑制细菌生长。

标定 Na$_2$S$_2$O$_3$ 溶液的基准物质有 K$_2$Cr$_2$O$_7$、KIO$_3$、KBrO$_3$ 及升华 I$_2$ 等。除 I$_2$ 外,其他物质都需在酸性溶液中与 KI 作用析出 I$_2$ 后,再用配制的 Na$_2$S$_2$O$_3$ 溶液滴定。

以 K$_2$Cr$_2$O$_7$ 作基准物,则 K$_2$Cr$_2$O$_7$ 在酸性溶液中与 I$^-$ 发生如下反应:

$$Cr_2O_7^{2-}+6I^-+14H^+ \longrightarrow 2Cr^{3+}+3I_2+7H_2O$$

反应析出的 I$_2$ 以淀粉为指示剂用待标定的 Na$_2$S$_2$O$_3$ 溶液滴定。

$$I_2+2S_2O_3^{2-} \longrightarrow 2I^-+S_4O_6^{2-}$$

2. 任务准备

(1)硫代硫酸钠固体;

(2)K$_2$Cr$_2$O$_7$ 固体:基准试剂;

(3)KI 固体;

(4)H$_2$SO$_4$ 溶液:20%;

(5)无水碳酸钠固体;

(6)淀粉指示液:10g/L,称取 1.0g 可溶性淀粉放入小烧杯中,加水 10mL,呈糊状,在搅拌下倒入 90mL 沸水中,微沸 2min,冷却后转移至 100mL 试剂瓶中。

3. 分析步骤

(1)配制 c(Na$_2$S$_2$O$_3$)=0.1mol/L Na$_2$S$_2$O$_3$ 溶液 1000mL 称取 26g 五水合硫代硫酸钠(或 16g 无水硫代硫酸钠),加 0.2g 无水碳酸钠,溶于 1000mL 水中,缓缓煮沸 10min,冷却。放置两周后用 4 号玻璃滤坩过滤。

（2）标定　称取 0.18g 于 120℃±2℃ 干燥至恒重的工作基准试剂重铬酸钾，置于碘量瓶中，溶于 25mL 水，加 2g 碘化钾及 20mL 硫酸溶液（20%），摇匀，于暗处放置 10min。加 150mL 水（15～20℃），用配制的硫代硫酸钠溶液滴定，近终点时加 2mL 淀粉指示液（10g/L），继续滴定至溶液由蓝色变为亮绿色。平行测定 4 次，同时做空白试验。

硫代硫酸钠标准滴定溶液的浓度 $[c(Na_2S_2O_3)]$，按下式计算：

$$c(Na_2S_2O_3) = \frac{m \times 1000}{(V_1 - V_2)M}$$

式中　m——重铬酸钾质量，单位为克（g）；
　　　V_1——硫代硫酸钠溶液体积，单位为毫升（mL）；
　　　V_2——空白试验消耗硫代硫酸钠溶液体积，单位为毫升（mL）；
　　　M——重铬酸钾的摩尔质量，单位为克每摩尔（g/mol）$[M(1/6K_2Cr_2O_7)=49.031g/mol]$。

获取资讯

问题 1　配制 $c(Na_2S_2O_3)=0.1mol/L$ 溶液 500mL，应称取多少克 $Na_2S_2O_3 \cdot 5H_2O$ 或 $Na_2S_2O_3$？

问题 2　配制 $Na_2S_2O_3$ 溶液时，为什么需用新煮沸的蒸馏水？为什么将溶液煮沸 10min？为什么常加入少量 Na_2CO_3？为什么放置两周后标定？

问题 3　标定 $Na_2S_2O_3$ 溶液，滴定到终点时，溶液放置一会儿又重新变蓝，为什么？

问题 4　标定 $Na_2S_2O_3$ 溶液时，为什么淀粉指示剂要在临近终点时才加入？

工作计划

表：工作方案　　　　　　　　　　　　　　　　　　组别：

步骤	工作内容	负责人（任务分工）
1		
2		
3		
4		

表：仪器、试剂　　　　　　　　　　　　　　　　　　组别：

仪器	名称	规格	试剂	名称	浓度	配制方法

进行决策

(1) 分组讨论 $Na_2S_2O_3$ 标准滴定溶液的制备过程,画出流程图或者实物简图,并分组派代表阐述流程。

(2) 师生共同讨论,选出最佳方案,绘制如下:

工作实施

(1) 领用并检查仪器是否破损。
(2) 领取试剂并配制溶液。
(3) 按照最佳方案完成制备任务。

注意事项

① 酸度:一般应控制酸度为 0.2 ~ 0.4mol/L。

② 速率:$Cr_2O_7^{2-}$ 与 I^- 反应较慢,应在暗处放置 10min 使反应完全后再滴定。为加速反应,需加入过量的 KI 并提高酸度,但酸度过高会加速空气氧化 I^-。

③ 稀释:用 $Na_2S_2O_3$ 滴定生成的 I_2 时应保持溶液呈中性或弱酸性,滴定前用蒸馏水稀释,降低酸度。通过稀释,还可以减少 Cr^{3+}(绿色)对终点的影响。

④ 回蓝现象:滴定至终点后,经过 5 ~ 10min,溶液又会出现蓝色,这是由于空气氧化 I^- 所引起的,属正常现象。若滴定到终点后,很快又转变为蓝色,则可能是由于酸度不足或放置时间不够使 $K_2Cr_2O_7$ 与 KI 的反应未完全,此时应弃去重做。

笔记区

（4）数据记录并处理

班级：_____   姓名：_____   日期：_____

表：$Na_2S_2O_3$ 标准滴定溶液的制备

项目	编号			
	1	2	3	4
基准物质量 m/g				
滴定消耗 $Na_2S_2O_3$ 体积 /mL				
空白消耗 $Na_2S_2O_3$ 体积 /mL				
$c(Na_2S_2O_3)$/mol·L^{-1}				
$\bar{c}(Na_2S_2O_3)$/mol·L^{-1}				
相对极差 /%				

要求：以第一组数据为例写出计算公式及过程。

依据测定结果，分析本次测定引入的个人误差。

评价反馈

各组汇报、展示成果，有疑难问题交流讨论。

综合评价表

班级			姓名		
工作任务					
评价指标	评价要素	分值	评分		
			自评	互评	师评
考勤（10%）	无迟到、早退、旷课现象	10			
职业素养考核（30%）	穿实验服、规范整洁	5			
	安全意识、责任意识、环保意识、服从意识	5			
	团队合作、与人交流能力	5			
	劳动纪律，诚信、敬业、科学、严谨	5			
	提出问题、分析问题、解决问题能力	5			
	工作现场管理符合6S标准	5			
专业能力考核（60%）	积极参加教学活动，按时完成学生工作活页	10			
	滴定管、电子分析天平操作符合规范（每错1处，扣5分）	10			
	淀粉指示剂终点颜色判断准确（每错1次，扣5分）	20			
	规范记录数据，正确填写报告单，报出结果（每错1处，扣3分）	20			
总分					
总评	自评（20%）+互评（30%）+师评（50%）	综合等级	教师：		

任务六
硫酸铜含量的测定

📋 任务描述

胆矾的化学名称为五水硫酸铜晶体，俗称蓝矾、铜矾。胆矾是电池、木材防腐等方面的化工原料；在医疗方面，具有催吐、祛腐、解毒作用；农业上硫酸铜是高效杀菌剂，可防治多种农作物的病害，施用时一般和生石灰加水配成波尔多液喷洒施用。请你对购买的将用于生产杀虫剂波尔多液的胆矾原料进行分析化验，并出具检验报告单。

视频扫一扫

硫酸铜含量的测定

🎯 学习目标

素质目标：具备实验室安全意识、"质量第一"的责任意识、团队合作意识、环保意识；具备良好的实验习惯、严谨的思维方法、实事求是的工作作风。

知识目标：掌握硫酸铜含量测定的原理及计算；掌握间接碘量法的基本原理。

能力目标：能规范使用滴定管、电子分析天平等分析仪器；能准确判定淀粉指示剂终点颜色；能准确书写数据记录和检验报告。

📑 任务书

请你解读以下标准（GB 437—2009），完成硫酸铜（农用）含量的测定任务，并出具检验报告单。

1. 方法原理

试样用水溶解，在微酸性条件下，加入适量的碘化钾与二价铜作用。以淀粉为指示剂，用硫代硫酸钠标准溶液滴定析出的碘。从消耗硫代硫酸钠标准滴定溶液的体积，计算试样中硫酸铜含量。反应式如下：

$$2Cu^{2+} + 4I^- = 2CuI\downarrow + I_2$$
$$2S_2O_3^{2-} + I_2 = S_4O_6^{2-} + 2I^-$$

2. 任务准备

（1）碘化钾；

（2）硝酸；

（3）乙酸溶液：36%（体积分数）；

（4）氟化钠：饱和溶液；

（5）碳酸钠：饱和溶液；

（6）淀粉：5g/L 溶液；

（7）硫代硫酸钠标准滴定溶液：$c(Na_2S_2O_3)=0.2\text{mol/L}$。

3. 分析步骤

称取试样约 1g（精确至 0.0002g）于 250mL 碘量瓶中，加 100mL 水溶解，加三滴浓硝酸，煮沸，冷却，逐滴加入饱和碳酸钠溶液，直至有微量沉淀出现为止，然后加入 4mL 乙酸溶液，使溶液呈微酸性，加 10mL 饱和氟化钠溶液，5g 碘化钾，迅速盖上瓶塞，摇匀。用硫代硫酸钠标准滴定溶液滴定，直至溶液呈淡黄色。加 3mL 淀粉指示液，继续滴定至蓝色消失。平行测定 3 次。

允许差：两次平行测定结果绝对差值应不大于 0.6%。

获取资讯

问题 1　推导硫酸铜含量的计算公式。
问题 2　加入氟化钠溶液的作用是什么？
问题 3　加入 KI 溶液的作用是什么？
问题 4　淀粉指示剂何时加入？为什么？
问题 5　间接碘量法误差的主要来源有哪些？应如何避免？

工作计划

表：工作方案　　　　　组别：

步骤	工作内容	负责人（任务分工）
1		
2		
3		
4		

表：仪器、试剂　　　　　组别：

	名称	规格		名称	浓度	配制方法
仪器			试剂			

进行决策

（1）分组讨论硫酸铜含量测定实验过程，画出流程图或者实物简图，并分组派代表阐述流程。

（2）师生共同讨论，选出最佳方案，绘制如下：

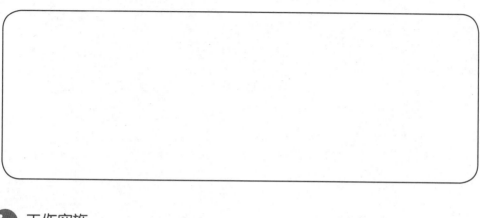

工作实施

(1) 领用并检查仪器是否破损。
(2) 领取试剂并配制溶液。
(3) 按照最佳方案完成测定任务。

注意事项

① 加 KI 必须过量,使生成 CuI 沉淀的反应更为完全,并使 I_2 形成 I_3^-,增大 I_2 的溶解性,提高滴定的准确度。

② Fe^{3+} 离子对测定有干扰,$2Fe^{3+}+2I^- =\!=\!= 2Fe^{2+}+I_2$,可加入 NaF 消除 Fe^{3+} 的干扰,使其形成稳定的 $[FeF_6]^{3-}$ 配离子。

笔记区

（4）数据记录并处理

班级：_____　　姓名：_____　　日期：_____

表：硫酸铜含量的测定

项目	编号			
	1	2	3	4
试样的质量 m/g				
$c(Na_2S_2O_3)$/mol·L^{-1}				
滴定消耗 $Na_2S_2O_3$ 体积 /mL				
ω（硫酸铜）/%				
$\bar{\omega}$（硫酸铜）/%				
相对极差 /%				

要求：以第一组数据为例写出计算公式及过程。

依据测定结果，分析本次测定引入的个人误差。

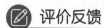 评价反馈

各组汇报、展示成果，有疑难问题交流讨论。

综合评价表

班级			姓名		
工作任务					
评价指标	评价要素	分值	评分		
			自评	互评	师评
考勤（10%）	无迟到、早退、旷课现象	10			
职业素养考核（30%）	穿实验服、规范整洁	5			
	安全意识、责任意识、环保意识、服从意识	5			
	团队合作、与人交流能力	5			
	劳动纪律，诚信、敬业、科学、严谨	5			
	提出问题、分析问题、解决问题能力	5			
	工作现场管理符合 6S 标准	5			
专业能力考核（60%）	积极参加教学活动，按时完成学生工作活页	10			
	滴定管、电子分析天平操作符合规范（每错 1 处，扣 5 分）	10			
	淀粉指示剂终点颜色判断准确（每错 1 次，扣 5 分）	20			
	规范记录数据，正确填写报告单，报出结果（每错 1 处，扣 3 分）	20			
	总分				
总评	自评（20%）+ 互评（30%）+ 师评（50%）	综合等级	教师：		

> 知识链接

知识点3 碘量法

一、原理

碘量法是利用 I_2 的氧化性和 I^- 的还原性来进行滴定的方法，其基本反应是：

$$I_2 + 2e \longrightarrow 2I^- \qquad \varphi^{\ominus}_{I_3^-/I^-} = 0.545V$$

视频扫一扫

碘量法

I_3^-/I^- 电对反应的可逆性好，副反应少，从 $\varphi^{\ominus}$ 值可以看出，I_2 是较弱的氧化剂，能与较强的还原剂作用；I^- 是中等强度的还原剂，能与许多氧化剂作用。

碘量法使用淀粉为指示剂，I_2 遇淀粉反应生成深蓝色的化合物。当 I_2 被还原为 I^- 时，蓝色就突然褪去，又称为专属指示剂。

二、应用

碘量法的应用范围很广。碘量法可分成两类：直接碘量法、间接碘量法，对比见表4-4。

应用间接碘量法应注意以下几点：

① 酸度影响。溶液应为中性或弱酸性，在碱性溶液中有

$$S_2O_3^{2-} + 4I_2 + 10OH^- \longrightarrow SO_4^{2-} + 8I^- + 5H_2O \qquad 3I_2 + 6OH^- \longrightarrow IO_3^- + 5I^- + 3H_2O$$

在强酸性溶液中，有

$$S_2O_3^{2-} + 2H^+ \longrightarrow SO_2 + S\downarrow + H_2O \qquad 4I^- + 4H^+ + O_2 \longrightarrow 2I_2 + 2H_2O$$

当 pH<2 时，淀粉会水解成糊精，与 I_2 作用显红色；若 pH>9 时，I_2 转变为 IO^-，与淀粉作用不显色。

② 过量 KI 作用。KI 与 I_2 形成 I_3^-，以减小 I_2 的挥发性，提高淀粉指示剂的灵敏度。另外，加入过量的 KI，可加快反应速度和提高反应进行的完全程度。

③ 温度影响。一般在室温下进行即可。温度升高可增大 I_2 的挥发性，降低淀粉指示剂的灵敏度。

④ 光线影响。光线能催化 I^- 被空气氧化。

⑤ 滴定前放置。当氧化性物质与 KI 作用时，一般先在暗处放置 5min，使其反应后，再立即用 $Na_2S_2O_3$ 进行滴定。

表4-4 直接碘量法与间接碘量法对比

方法	直接碘量法（碘滴定法）	间接碘量法（滴定碘法）
应用	可以直接测定电位值比 $\varphi^{\ominus}_{I_3^-/I^-}$ 小的还原性物质，如 S^{2-}、SO_3^{2-}、Sn^{2+}、$S_2O_3^{2-}$、维生素C等	间接测定电位值比 $\varphi^{\ominus}_{I_3^-/I^-}$ 高的氧化性物质，如 Cu^{2+}、$Cr_2O_7^{2-}$、IO_3^-、BrO_3^-、AsO_4^{3-}、ClO^-、NO_2^-、H_2O_2、MnO_4^-、Fe^{3+}、水中溶解氧等
标准溶液配制时注意要点	I_2 标准滴定溶液配制时加入大量KI，贮存于棕色试剂瓶	$Na_2S_2O_3$ 标准滴定溶液配制时使用新煮沸并冷却的蒸馏水，加入 Na_2CO_3，"三怕"。贮存于棕色试剂瓶

续表

方法	直接碘量法（碘滴定法）	间接碘量法（滴定碘法）
测定过程	（滴定管中为 I_2，锥形瓶中为还原性物质和淀粉）	（滴定管中为 $Na_2S_2O_3$，锥形瓶中加入氧化性物质、KI，生成 I_2，加淀粉）
反应式	$I_2+2e \rightarrow 2I^-$（利用 I_2 的氧化性）	$2I^- -2e \rightarrow I_2$（利用 I^- 的还原性） $I_2+2S_2O_3^{2-} \rightarrow S_4O_6^{2-}+2I^-$
基本单元	$1/2 I_2$	$Na_2S_2O_3$
指示剂	淀粉	
终点颜色	出现蓝色	蓝色消失
何时加入	一开始就加入	近终点加入 （若过早加入淀粉，它与 I_2 形成的蓝色配合物会吸留部分 I_2，往往易使终点提前且不明显）
酸度条件	中性或弱酸性（为什么？）	
主要误差来源	一是 I_2 易挥发；二是在酸性溶液中，I^- 易被空气中的 O_2 氧化	
防止措施	防止 I_2 的挥发：要加入过量的 KI，使 I_2 生成 I_3^- 离子；使用碘瓶；滴定时不要剧烈摇动。 防止 I^- 被空气氧化：在反应时，应将碘瓶置于暗处；滴定前调节好酸度；析出 I_2 后立即进行滴定	

任务七

I_2 标准滴定溶液的制备

任务描述

碘可以通过升华法制得纯试剂，但因碘蒸气对天平有腐蚀性，故不宜用直接法配制 I_2 标准溶液。通常用市售的碘采用间接法配制。由于 I_2 难溶于水，易溶于 KI 溶液，故配制时应将 I_2、KI 与少量水一起研磨后再用水稀释，并保存在棕色试剂瓶中待标定。标定好的标准溶液可以用来测定维生素 C 中抗坏血酸含量等。

学习目标

碘标准滴定溶液的制备

素质目标：具备实验室安全意识、"质量第一"的责任意识、团队合作意识、环保意识；具备良好的实验习惯、严谨的思维方法、实事求是的工作作风。

知识目标：掌握碘标准溶液制备的原理及计算；掌握直接碘量法的误差来源及减小误差的方法。

能力目标：能规范使用容量分析仪器；能准确判定淀粉指示剂终点颜色；学会正确配制相关溶液；能依据实验设计数据表格等内容；能准确书写数据记录和检验报告。

任务书

请解读以下标准（GB/T 601—2016），完成碘标准滴定溶液的制备任务，并出具检验报告单。

1. 方法原理

基准物法：可以用基准物质 As_2O_3（砒霜，剧毒物）来标定 I_2 溶液。As_2O_3 难溶于水，可溶于碱溶液中，与 NaOH 反应生成亚砷酸钠，用 I_2 溶液进行滴定。反应式为：

$$As_2O_3 + 6NaOH = 2Na_3AsO_3 + 3H_2O$$

$$Na_3AsO_3 + I_2 + H_2O = Na_3AsO_4 + 2HI$$

比较法：一般常用已知浓度的 $Na_2S_2O_3$ 标准滴定溶液标定 I_2 溶液。用 I_2 溶液滴定一定体积的 $Na_2S_2O_3$ 标准溶液。反应为：

$$I_2 + 2S_2O_3^{2-} = 2I^- + S_4O_6^{2-}$$

以淀粉为指示剂，终点由无色到蓝色。

2. 任务准备

（1）固体试剂 I_2；
（2）固体试剂 KI；
（3）固体试剂 As_2O_3：工作基准试剂，在硫酸干燥器中干燥至恒重；
（4）酚酞指示剂：10g/L；
（5）氢氧化钠标准滴定溶液：$c(NaOH)=1mol/L$；
（6）硫酸标准滴定溶液：$c(1/2H_2SO_4)=1mol/L$；
（7）固体试剂 $NaHCO_3$；
（8）淀粉指示液：10g/L；
（9）盐酸溶液：$c(HCl)=0.1mol/L$；
（10）硫代硫酸钠标准滴定溶液：$c(Na_2S_2O_3)=0.1mol/L$。

3. 分析步骤

配制 $c(1/2I_2)=0.1mol/L$ 的 I_2 标准滴定溶液。

（1）配制 称取13g碘和35g碘化钾，溶于100mL水中，置于棕色瓶中，放置2天，稀释至1000mL，摇匀。

（2）标定 以下两种标定方法可以任选其一。由于As_2O_3为剧毒物质，实际工作中常用已知浓度的$Na_2S_2O_3$标准溶液标定I_2。

① 方法一：称取0.18g已于硫酸干燥器中干燥至恒重的工作基准试剂三氧化二砷，置于碘量瓶中，加6mL氢氧化钠标准滴定溶液[c（NaOH）=1mol/L]溶解，加50mL水，加2滴酚酞指示剂（10g/L），用硫酸标准滴定溶液[c(1/2H_2SO_4)=1mol/L]滴定至溶液无色，加3g碳酸氢钠及2mL淀粉指示液（10g/L），用配制好的碘溶液滴定至溶液呈浅蓝色。同时做空白试验。

碘标准滴定溶液的浓度[$c(1/2I_2)$]，按下式计算：

$$c(1/2I_2) = \frac{m \times 1000}{(V_1 - V_2)M}$$

式中 m——三氧化二砷质量，单位为克(g)；

V_1——碘溶液体积，单位为毫升(mL)；

V_2——空白试验消耗碘溶液体积，单位为毫升(mL)；

M——三氧化二砷的摩尔质量，单位为克每摩尔（g/mol）[M(1/4As_2O_3)= 49.460g/mol]。

② 方法二：量取35.00～40.00mL配制的碘溶液，置于碘量瓶中，加150mL水（15～20℃），加5mL盐酸溶液[c(HCl)=0.1mol/L]，用硫代硫酸钠标准滴定溶液[c($Na_2S_2O_3$)=0.1mol/L]滴定，近终点时加2mL淀粉指示液（10g/L），继续滴定至溶液蓝色消失。

同时做水所消耗碘的空白试验：取250mL水（15～20℃），加5mL盐酸溶液[c(HCl)=0.1mol/L]，加0.05～0.20mL配制的碘溶液及2mL淀粉指示液（10g/L），用硫代硫酸钠标准滴定溶液[c($Na_2S_2O_3$)=0.1mol/L]滴定至溶液蓝色消失。

碘标准滴定溶液的浓度[$c(1/2I_2)$]，按下式计算。

$$c(1/2I_2) = \frac{(V_1 - V_2)c}{V_3 - V_4}$$

式中 V_1——硫代硫酸钠标准滴定溶液体积，单位为毫升(mL)；

V_2——空白试验消耗硫代硫酸钠标准滴定溶液体积，单位为毫升(mL)；

c——硫代硫酸钠标准滴定溶液浓度，单位为摩尔每升(mol/L)；

V_3——碘溶液体积，单位为毫升(mL)；

V_4——空白试验中加入碘溶液体积，单位为毫升(mL)。

获取资讯

问题1 标定碘标准滴定溶液的方法有几种？分别是什么？

问题2 配制I_2溶液时为什么要加KI？

问题3 I_2溶液应装在何种滴定管中？如何读数？

问题4 碘量法误差的主要来源有哪些？如何消除？

工作计划

表：工作方案　　　　　　　　　组别：

步骤	工作内容	负责人（任务分工）
1		
2		
3		
4		

表：仪器、试剂　　　　　　　　组别：

仪器	名称	规格	试剂	名称	浓度	配制方法

进行决策

（1）分组讨论碘标准滴定溶液制备测定过程，针对过程画出流程图或者实物简图，并分组派代表阐述流程。

（2）师生共同讨论，选出最佳方案，绘制如下：

工作实施

（1）领用并检查仪器是否破损。
（2）领取试剂并配制溶液。
（3）按照最佳方案完成制备任务。
（4）总结实验注意事项。

（5）数据记录并处理（自行设计数据表格）

班级：_____ 姓名：_____ 日期：_____

任务八
维生素 C 含量的测定

维生素 C 含量的测定

任务描述

维生素 C 能防治坏血病，又"抗坏血酸"。维生素 C 可以降低血胆固醇含量，增强免疫力，增加毛细血管弹性，促进创口和手术切口愈合，防治感冒，促进生长发育，防治慢性汞、铅等金属性中毒，防止衰老，预防肿瘤等。

人体缺乏维生素 C 可能引发多种疾病。水果、蔬菜、维生素 C 片是人体维生素 C 的主要来源。请你对某药厂的原料药维生素 C 含量进行测定，并出具检验报告单。

学习目标

素质目标：具备实验室安全意识、"质量第一"的责任意识、团队合作意识、环保意识；具备良好的实验习惯、严谨的思维方法、实事求是的工作作风。

知识目标：巩固碘量法基本原理；掌握维生素 C 含量的测定原理及计算。

能力目标：能规范使用容量分析仪器；能准确判定淀粉指示剂终点颜色；学会正确配制相关溶液；能依据实验设计数据表格等内容；能准确书写数据记录和检验报告。

任务书

请你完成维生素 C 含量的测定任务，并出具检验报告单。

1. 方法原理

维生素 C（VC）又称抗坏血酸，分子式为 $C_6H_8O_6$。VC 具有还原性，可被 I_2 定量氧化，因而可用 I_2 标准溶液直接滴定。其滴定反应式为：

$$C_6H_8O_6 + I_2 = C_6H_6O_6 + 2HI$$

用直接碘量法可测定药片、注射液、饮料、蔬菜、水果等中的 VC 含量。

由于 VC 的还原性很强，较易被溶液和空气中的氧氧化，在碱性介质中这种氧化作用更强，因此滴定宜在酸性介质中进行，以减少副反应的发生。

2. 任务准备

（1）维生素 C 试样；

（2）乙酸溶液：$c(HAc)=2mol/L$；

（3）碘标准溶液：$c(1/2I_2)=0.1mol/L$；

（4）淀粉指示液：10g/L。

3. 分析步骤

取本品约 0.2g，精密称定，加新沸过的冷水 100mL 与稀乙酸 10mL 使溶解，加淀粉指示液 1mL，立即用碘滴定液滴定，至溶液显蓝色并在 30s 内不褪色。平行测定 3 次，同时做空白实验。

获取资讯

问题 1 测定维生素 C 含量时，溶解试样为什么要用新煮沸并冷却的蒸馏水？

问题 2 测定维生素 C 含量时，为什么要在乙酸酸性溶液中进行？

工作计划

表：工作方案　　　　　　　　　　　　组别：

步骤	工作内容	负责人（任务分工）
1		
2		
3		
4		

表：仪器、试剂　　　　　　　　　　　组别：

仪器	名称	规格	试剂	名称	浓度	配制方法

进行决策

（1）分组讨论维生素 C 的测定过程，针对过程画出流程图或者实物简图，并分组派代表阐述流程。

（2）师生共同讨论，选出最佳方案，绘制如下：

工作实施

（1）领用并检查仪器是否破损。
（2）领取试剂并配制溶液。
（3）按照最佳方案完成测定任务。
（4）总结实验注意事项。
（5）数据记录并处理（自行设计数据表格）

班级：_____ 姓名：_____ 日期：_____

学习要点

一、高锰酸钾法

（1）$KMnO_4$ 标准溶液——间接法配制

反应式：$2MnO_4^- + 5C_2O_4^{2-} + 16H^+ = 2Mn^{2+} + 10CO_2\uparrow + 8H_2O$（基准物 $Na_2C_2O_4$ 标定）

温度：75~85℃或者近终点65℃	滴定速度：开始滴定速度不宜太快
酸度：0.5~1mol/L H_2SO_4	催化剂：于滴定前加入几滴 $MnSO_4$
自身指示剂：终点为粉红色	

（2）基本单元：强酸性条件下 $KMnO_4$ 基本单元为 $1/5KMnO_4$。

二、重铬酸钾法

（1）在酸性溶液中 $Cr_2O_7^{2-} + 14H^+ + 6e = 2Cr^{3+} + 7H_2O$　$\varphi^\ominus = 1.36V$
$K_2Cr_2O_7$ 可直接配制标准溶液，也可以间接法配制。
指示剂为一般氧化还原指示剂。
（2）基本单元：$1/6K_2Cr_2O_7$。

三、碘量法

（1）原理
碘量法是利用 I_2 的氧化性和 I^- 的还原性来进行滴定的分析方法，可分为直接碘量法和间接碘量法。采用淀粉为指示剂。
碘量法误差的主要来源：I_2 的挥发、I^- 被氧化。
（2）标准滴定溶液
$Na_2S_2O_3$ 标准溶液：应使用新煮沸并冷却的蒸馏水，加入少量 Na_2CO_3。贮存于棕色瓶中，放置在暗处 8~14 天后再标定。"三怕"，常用 $K_2Cr_2O_7$ 标定。
I_2 标准溶液：要加入大量 KI。常使用 $Na_2S_2O_3$ 标准溶液来标定。
（3）基本单元：$1/2I_2$、$Na_2S_2O_3$。

巩固提升

一、选择题

1. 用草酸钠作基准物标定高锰酸钾标准溶液时,开始反应速度慢,稍后反应速度明显加快,这是( )起催化作用。
   A. H^+　　　　B. MnO_4^-　　　　C. Mn^{2+}　　　　D. CO_2

2. 用基准物 $Na_2C_2O_4$ 标定配制好的 $KMnO_4$ 溶液,其终点颜色是( )。
   A. 蓝色　　　　　　　　　　　　B. 亮绿色
   C. 紫色变为纯蓝色　　　　　　　D. 粉红色

3. 标定 $KMnO_4$ 标准溶液所需的基准物是( )。
   A. $Na_2S_2O_3$　　B. $K_2Cr_2O_7$　　C. Na_2CO_3　　D. $Na_2C_2O_4$

4. 既可用来标定 NaOH 溶液,也可用来标定 $KMnO_4$ 的物质为( )。
   A. $H_2C_2O_4 \cdot 2H_2O$　　B. $Na_2C_2O_4$　　C. HCl　　D. H_2SO_4

5. 高锰酸钾法应在强酸性溶液中进行,所用强酸是( )。
   A. H_2SO_4　　B. HNO_3　　C. HCl　　D. $HClO_4$

6. 在间接碘量法中,加入淀粉指示剂的适宜时间是( )。
   A. 滴定刚开始　　　　　　B. 反应接近 60% 时
   C. 滴定近终点时　　　　　D. 反应接近 80% 时

7. 淀粉是一种( )指示剂。
   A. 自身　　　B. 氧化还原型　　　C. 专属　　　D. 金属

8. 在碘量法中,淀粉是专属指示剂,当溶液呈蓝色时,这是( )。
   A. 碘的颜色　　　　　　　　　　B. I^- 的颜色
   C. 游离碘与淀粉生成物的颜色　　D. I^- 与淀粉生成物的颜色

9. 在间接碘量法测定中,下列操作正确的是( )。
   A. 边滴定边快速摇动
   B. 加入过量 KI,并在室温和避免阳光直射的条件下滴定
   C. 在 70~80℃恒温条件下滴定
   D. 滴定一开始就加入淀粉指示剂

10. 碘量法测定 $CuSO_4$ 含量,试样溶液中加入过量的 KI,下列叙述其作用错误的是( )
    A. 还原 Cu^{2+} 为 Cu^+　　　　　B. 防止 I_2 挥发
    C. 与 Cu^+ 形成 CuI 沉淀　　　　D. 把 $CuSO_4$ 还原成单质 Cu

二、判断题

( ) 1. 高锰酸钾法滴定分析,在弱酸性条件下滴定。

( ) 2. $KMnO_4$ 滴定草酸时,加入第一滴 $KMnO_4$ 时,颜色消失很慢,这是由于溶液中还没有生成能使反应加速进行的 Mn^{2+}。

( ) 3. $KMnO_4$ 标准溶液测定 MnO_2 含量,用的是直接滴定法。

( ) 4. 间接碘量法测定试样时,最好在碘量瓶中进行,并应避免阳光照

项目四　氧化还原滴定分析技术

射，为减少 I^- 与空气接触，滴定时不宜过度摇动。

（ ）5. 间接碘量法以淀粉为指示剂滴定时，指示剂须在接近终点时加入，终点是从蓝色变为无色。

三、计算题

1. 将 0.1500g 的铁矿样经处理后成为 Fe^{2+}，然后用 $c(1/5KMnO_4)$=0.1000mol/L $KMnO_4$ 标准溶液滴定，消耗 15.03mL，计算铁矿石中 FeO 的质量分数。$M(FeO)$=71.844g/mol。

2. 在 250mL 容量瓶中将 1.0028g H_2O_2 溶液配制成 250mL 试液。准确移取此试液 25.00mL，用 $c(1/5KMnO_4)$=0.1000mol/L $KMnO_4$ 溶液滴定，消耗 17.38mL，计算 H_2O_2 试样中 H_2O_2 质量分数。$M(H_2O_2)$=34.015g/mol。

3. 欲配制 500mL $c(1/6K_2Cr_2O_7)$=0.5000mol/L $K_2Cr_2O_7$ 溶液，问应称取 $K_2Cr_2O_7$ 多少克？$M(K_2Cr_2O_7)$=294.185g/mol。

4. 间接碘量法用 $Na_2S_2O_3$ 作标准滴定溶液。

（1）配制 0.1mol/L $Na_2S_2O_3$ 溶液 1L，计算需称取固体 $Na_2S_2O_3 \cdot 5H_2O$ 多少克？

（2）标定 $Na_2S_2O_3$ 溶液。称取 0.3903g 基准物 KIO_3，加水溶解配成 100.00mL 溶液，取其 25.00mL，加入 H_2SO_4 和过量的 KI，用 $Na_2S_2O_3$ 滴定析出的 I_2，消耗 $Na_2S_2O_3$ 标液 24.97mL。计算 $Na_2S_2O_3$ 溶液的浓度。已知 $M(Na_2S_2O_3 \cdot 5H_2O)$=248.02g·$mol^{-1}$。（$IO_3^- + 5I^- + 6H^+ = 3I_2 + 3H_2O$，$I_2 + 2S_2O_3^{2-} = S_4O_6^{2-} + 2I^-$）

5. 测定胆矾中 Cu 含量。称取胆矾 0.5200g，溶解后加入 H_2SO_4 和过量的 KI，用 0.1012mol/L $Na_2S_2O_3$ 溶液滴定析出的 I_2，消耗 $Na_2S_2O_3$ 标液 25.40mL。计算胆矾中 Cu 的质量分数。$M(Cu)$=64.25g·mol^{-1}。（$2Cu^{2+} + 4I^- = 2CuI\downarrow + I_2$，$I_2 + 2S_2O_3^{2-} = 2I^- + S_4O_6^{2-}$）

项目五

沉淀滴定分析技术

沉淀滴定法是以沉淀反应为基础,基于沉淀溶解平衡建立的一种滴定分析方法。沉淀反应虽然很多,但是能用于沉淀滴定法的并不多,目前有实用价值的主要是形成难溶性银盐的反应,例如:

$$Ag^+ + Cl^- = AgCl\downarrow \quad\quad Ag^+ + SCN^- = AgSCN\downarrow$$

这种利用生成难溶性银盐反应进行沉淀滴定的方法称为银量法,本项目主要介绍应用比较多的银量法。银量法主要用于测定 Cl^-、Br^-、I^-、Ag^+、CN^-、SCN^- 等离子及含卤素的有机化合物等。

根据所用的标准溶液和指示剂的不同,银量法分为三种:莫尔法、佛尔哈德法、法扬司法。

本教学项目以两个工作任务为引领,进行理实一体化教学,学生要能够依据国家标准或技术规范独立完成以下拓展任务,出具检验报告单。

引领任务	拓展任务
任务一 自来水中氯含量的测定 任务二 酱油中 NaCl 含量的测定	任务三 氯化钠注射液中 NaCl 含量的测定

任务一

自来水中氯含量的测定

📋 任务描述

天然水中一般都含有氯化物,用漂白粉消毒或加入凝聚剂 $AlCl_3$ 处理时也会带入一定量的氯化物,一般要求饮用水中的氯化物不得超过 250mg/L。当饮用水中的氯化物含量超过 250mg/L 时,人对水的咸味开始有感觉;含量大于 500mg/L 时,对胃液分泌、水代谢有影响,可引起人体慢性中毒,且对配水系统有腐蚀作用。请你对当地日常自来水中氯的含量进行分析化验,并出具检验报告单。

视频扫一扫

自来水中氯含量的测定

学习目标

素质目标： 具备实验室安全意识、"质量第一"的责任意识、团队合作意识、环保意识；具备良好的实验习惯、严谨的思维方法、实事求是的工作作风。

知识目标： 掌握自来水中氯含量测定的原理及计算；掌握莫尔法的测定条件。

能力目标： 能规范使用滴定管、电子分析天平等分析仪器；能准确判定铬酸钾指示剂终点颜色；能准确书写数据记录和检验报告。

任务书

请你解读以下标准（GB/T 5750.5—2006），完成自来水中氯含量测定任务，并出具检验报告单。

1. 方法原理

在中性或弱碱性介质（pH=6.5～10.5）中，以 $AgNO_3$ 作为标准滴定溶液，K_2CrO_4 为指示剂测定 Cl^-。反应式为：

$$Cl^- + Ag^+ = AgCl\downarrow（白色） \qquad CrO_4^{2-} + 2Ag^+ = Ag_2CrO_4\downarrow（砖红色）$$

当滴定剂 Ag^+ 与 Cl^- 达到化学计量点时，微过量的 Ag^+ 与 CrO_4^{2-} 反应析出砖红色的 Ag_2CrO_4 沉淀，指示滴定终点的到达。

2. 任务准备

（1）K_2CrO_4 指示液：50g/L；

（2）水试样：自来水或天然水；

（3）氯化钠标准溶液：$\rho(Cl^-)$=0.5mg/mL，称取经 700℃烧灼 1h 的氯化钠 8.2420g，溶于纯水中并稀释至 1000mL。吸取 10.0mL，用纯水稀释至 100.0mL；

（4）硝酸银。

3. 分析步骤

（1）硝酸银标准溶液 [$c(AgNO_3)$=0.014mol/L] 的制备　称取 2.4g 硝酸银溶于纯水，稀释至 1000mL，储存于棕色试剂瓶内，用氯化钠标准溶液标定。

吸取 25.00mL 氯化钠标准溶液置于锥形瓶内，加纯水 25mL，加 1mL 铬酸钾指示液，用 $AgNO_3$ 标准溶液滴定，直至产生微红色为止，计算 $AgNO_3$ 溶液的浓度。

（2）自来水中氯含量的测定　用移液管移取水样 50.00mL 放于锥形瓶中，加 K_2CrO_4 指示液 1mL，在充分摇动下，用 $AgNO_3$ 标准滴定溶液滴定至溶液由黄色变为微红色，即为终点，平行测定三次，同时做空白实验。计算水中氯含量（以 mg/L 表示）。

获取资讯

问题 1　写出测定水中氯含量的依据。

问题 2　$AgNO_3$ 标准溶液应装哪种滴定管中？如何读数？

问题3　K_2CrO_4 浓度过高或过低，对测定结果有何影响？
问题4　近终点时不剧烈摇动锥形瓶，测定结果会怎样？
问题5　滴定之前及结束后的锥形瓶应如何洗涤？滴定后的滴定管如何洗涤？
问题6　推导水中氯含量计算公式，以 mg/L 表示。
问题7　总结莫尔法的测定条件。
问题8　莫尔法的测定对象有哪些？

工作计划

表：工作方案　　　　　　　　　组别：

步骤	工作内容	负责人（任务分工）
1		
2		
3		
4		

表：仪器、试剂　　　　　　　　　组别：

	名称	规格		名称	浓度	配制方法
仪器			试剂			

进行决策

（1）分组讨论自来水中氯含量测定实验过程，画出流程图或者实物简图，并分组派代表阐述流程。

（2）师生共同讨论，选出最佳方案，绘制如下：

工作实施

(1) 领用并检查仪器是否破损。
(2) 领取试剂并配制溶液。
(3) 按照最佳方案完成测定任务。

注意事项

① $AgNO_3$ 试剂及其溶液具有腐蚀性,破坏皮肤组织,注意切勿接触皮肤。

② 实验完毕后,盛装 $AgNO_3$ 溶液的滴定管应先用蒸馏水洗涤 2~3 次后,再用自来水洗净,以免 AgCl 沉淀残留于滴定管内壁。

③ 近终点要剧烈摇动锥形瓶,以解吸被吸附的 Cl^-。

④ 本法选择性较差。硫化物、亚硫酸盐、硫代硫酸盐及超过 15mg/L 的耗氧量可干扰测定结果,测定前应除去,并且要将溶液调至中性。

笔记区

(4) 数据记录并处理

班级：_____　　姓名：_____　　日期：_____

表：自来水中氯含量的测定

项目	编号			
	1	2	3	4
$c(AgNO_3)/mol·L^{-1}$				
水样体积 /mL				
水样消耗 $AgNO_3$ 体积 /mL				
空白消耗 $AgNO_3$ 体积 /mL				
$\rho(Cl^-)/mg·L^{-1}$				
$\bar{\rho}(Cl^-)/mg·L^{-1}$				
相对极差 /%				

要求：以第一组数据为例写出计算公式及过程。

依据测定结果，分析本次测定引入的个人误差。

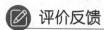 评价反馈

各组汇报、展示成果,有疑难问题交流讨论。

综合评价表

班级			姓名		
工作任务					
评价指标	评价要素	分值	评分		
			自评	互评	师评
考勤(10%)	无迟到、早退、旷课现象	10			
职业素养考核(30%)	穿实验服、规范整洁	5			
	安全意识、责任意识、环保意识、服从意识	5			
	团队合作、与人交流能力	5			
	劳动纪律,诚信、敬业、科学、严谨	5			
	提出问题、分析问题、解决问题能力	5			
	工作现场管理符合 6S 标准	5			
专业能力考核(60%)	积极参加教学活动,按时完成学生工作活页	10			
	滴定管、移液管操作符合规范(每错 1 处,扣 5 分)	10			
	铬酸钾指示剂终点颜色判断准确(每错 1 次,扣 5 分)	20			
	规范记录数据,正确填写报告单,报出结果(每错 1 处,扣 3 分)	20			
总分					
总评	自评(20%)+ 互评(30%)+ 师评(50%)	综合等级	教师:		

知识链接

知识点1 莫尔法—铬酸钾作指示剂

莫尔法是以 K_2CrO_4 为指示剂，在中性或弱碱性介质中，用 $AgNO_3$ 作为标准滴定溶液测定卤素含量的方法。

一、指示剂的作用原理

以测定 Cl^- 为例，K_2CrO_4 作指示剂，用 $AgNO_3$ 标准溶液滴定，其反应为：

$$Ag^+ + Cl^- = AgCl\downarrow \quad 白色$$
$$2Ag^+ + CrO_4^{2-} = Ag_2CrO_4\downarrow \quad 砖红色$$

这个方法的依据是分步沉淀原理，$s(AgCl) < s(Ag_2CrO_4)$，AgCl 先析出沉淀，当滴定剂 Ag^+ 与 Cl^- 达到化学计量点时，微过量的 Ag^+ 与 CrO_4^{2-} 反应析出砖红色的 Ag_2CrO_4 沉淀，指示滴定终点的到达。

二、滴定条件

1. 指示剂用量

滴定溶液中 $[CrO_4^{2-}]=5\times10^{-3}$ mol/L 是确定滴定终点的适宜浓度。
$[CrO_4^{2-}]$ 过高：Ag_2CrO_4 沉淀析出过早；$[CrO_4^{2-}]$ 过低：Ag_2CrO_4 沉淀析出过迟。

2. 滴定时的酸度

莫尔法只能在中性或弱碱性（pH=6.5～10.5）溶液中进行。

强碱性介质	酸性介质
$AgNO_3$ 发生如下反应： $2Ag^+ + 2OH^- = Ag_2O\downarrow + H_2O$ 后果：析出灰黑色 Ag_2O 沉淀，不利于终点的观察。 解决方法：可用稀 HNO_3 溶液中和。	K_2CrO_4 发生如下反应： $2CrO_4^{2-} + 2H^+ = 2HCrO_4^- = Cr_2O_7^{2-} + H_2O$ 后果：降低了 CrO_4^{2-} 的浓度，使 Ag_2CrO_4 沉淀出现过迟，甚至不会沉淀。 解决方法：可用 $Na_2B_4O_7\cdot10H_2O$、$NaHCO_3$ 或 $CaCO_3$ 中和。

3. 剧烈摇动

在滴定过程中生成的 AgCl 沉淀易吸附溶液中尚未反应的 Cl^-，滴定终点将过早出现，产生较大误差。因此滴定时必须剧烈摇动，使被吸附的 Cl^- 释放出来。如图 5-1 所示。

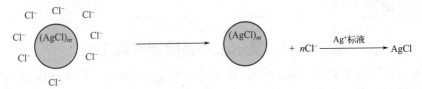

图 5-1　被吸附的 Cl^- 解吸

4. 干扰离子

凡能与 CrO_4^{2-} 或 Ag^+ 生成沉淀的阳离子、阴离子、有色离子均干扰滴定。因此，莫尔法的选择性较差。

三、应用范围

（1）直接滴定　可测定 Cl^-、Br^- 的含量，或二者总量，不宜测定 I^- 和 SCN^-（沉淀吸附严重）。

（2）返滴定法　用于测定 Ag^+。

$$Ag^+ \xrightarrow{NaCl标液} AgCl \downarrow + Cl^-(过量) \xrightarrow{Ag^+滴定} AgCl \downarrow$$

视频扫一扫

酱油中氯化钠含量的测定

任务二
酱油中 NaCl 含量的测定

📋 任务描述

酱油中含有的 NaCl 浓度一般不能少于 15%，太少起不到调味作用，且容易变质。如果 NaCl 太多，则味变苦，不鲜，感官指标不佳，影响产品质量。通常酿造酱油中 NaCl 含量为 18%～20%。请你对即将出厂的某品牌酱油产品进行 NaCl 含量检测，并出具检验报告单。

🏅 学习目标

素质目标：具备实验室安全意识、"质量第一"的责任意识、团队合作意识、环保意识；具备良好的实验习惯、严谨的思维方法、实事求是的工作作风。

知识目标：掌握酱油中 NaCl 含量测定的原理及计算；掌握佛尔哈德法测定条件。

能力目标：能进一步规范使用滴定管、电子分析天平等分析仪器；能使用过滤装置；能准确判断铁铵矾（硫酸铁铵）指示剂终点颜色；能准确书写数据记录和检验报告。

任务书

请你解读以下标准（GB 5009.44—2016），完成酱油中 NaCl 含量的测定任务，并出具检验报告单。

1. 方法原理

试液经 HNO_3 酸化处理后，加入过量的 $AgNO_3$ 标准溶液，以硫酸铁铵为指示剂，用 KSCN 标准滴定溶液滴定过量的 $AgNO_3$，滴定至出现红色。

$$Cl^- + Ag^+ == AgCl \downarrow 白色 \quad Ag^+ + SCN^- == AgSCN \downarrow 白色$$

$$Fe^{3+} + SCN^- == [Fe(SCN)]^{2+} 红色$$

2. 任务准备

（1）硝酸溶液（1+3）；

（2）0.1mol/L 硝酸银标准滴定溶液的配制：称取 17g 硝酸银，溶于水中，转移到 1000mL 烧杯中，用水稀释至刻度，摇匀，置于避光处；

（3）0.1mol/L 硫氰酸钾标准滴定溶液的配制：称取 9.7g 硫氰酸钾，溶于水中，转移到 1000mL 容量瓶中，用水稀释至刻度，摇匀；

（4）硫酸铁铵饱和溶液。

3. 分析步骤

（1）0.1mol/L 硝酸银标准滴定溶液和 0.1mol/L 硫氰酸钾标准滴定溶液的标定

① 氯化物的沉淀：称取 0.10～0.15g 基准试剂氯化钠（或经 500～600℃ 灼烧至恒重的分析纯氯化钠），精确至 0.1mg，于 100mL 烧杯中，用水溶解，转移到 100mL 容量瓶中。加入 5mL 硝酸溶液，边剧烈摇动边加入 25.00mL（V_1）0.1mol/L 硝酸银标准滴定溶液，用水稀释至刻度，摇匀。在避光处放置 5min，用快速滤纸过滤，弃去最初滤液 10mL。

② 过量硝酸银的滴定：取上述滤液 50.00mL 于 250mL 锥形瓶中，加入 2mL 硫酸铁铵饱和溶液，边剧烈摇动边用 0.1mol/L 硫氰酸钾标准滴定溶液滴定至出现淡棕红色，保持 1min 不褪色。记录消耗硫氰酸钾标准滴定溶液的体积（V_2）。

③ 硝酸银标准滴定溶液与硫氰酸钾标准滴定溶液体积比的确定：取 0.1mol/L 硝酸银标准滴定溶液 20.00mL（V_3）于 250mL 锥形瓶中，加入 30mL 水、5mL 硝酸溶液和 2mL 硫酸铁铵饱和溶液。边剧烈摇动边用 0.1mol/L 硫氰酸钾标准滴定溶液滴定至出现淡棕红色，保持 1min 不褪色，记录消耗 0.1mol/L 硫氰酸钾标准滴定溶液的体积（V_4）。

④ 硝酸银标准滴定溶液浓度和硫氰酸钾标准滴定溶液浓度的计算：

$$F = \frac{V_3}{V_4} = \frac{c_1}{c_2}$$

式中　F——硝酸银标准滴定溶液与硫氰酸钾标准滴定溶液的体积比；

　　　V_3——确定体积比 F 时，硝酸银标准滴定溶液的体积，单位为毫升（mL）；

　　　V_4——确定体积比 F 时，硫氰酸钾标准滴定溶液的体积，单位为毫升（mL）；

　　　c_1——硫氰酸钾标准滴定溶液浓度，单位为摩尔每升（mol/L）；

视频扫一扫

硝酸银标准溶液和硫氰酸钾标准溶液的制备

c_2——硝酸银标准滴定溶液浓度,单位为摩尔每升(mol/L)。

$$c_2 = \frac{\dfrac{m_0}{0.05844}}{V_1 - 2V_2 F}$$

式中 c_2——硝酸银标准滴定溶液浓度,单位为摩尔每升(mol/L);

m_0——氯化钠的质量,单位为克(g);

V_1——沉淀氯化物时加入硝酸银标准滴定溶液的体积,单位为毫升(mL);

V_2——滴定过量硝酸银时消耗硫氰酸钾标准滴定溶液的体积,单位为毫升(mL);

F——硝酸银标准滴定溶液与硫氰酸钾标准滴定溶液的体积比;

0.05844——与1.00mL硝酸银标准滴定溶液[c(AgNO$_3$)=1.000mol/L]相当的氯化钠的质量,单位为克(g)。

$$c_1 = c_2 F$$

式中 c_1——硫氰酸钾标准滴定溶液浓度,单位为摩尔每升(mol/L);

c_2——硝酸银标准滴定溶液浓度,单位为摩尔每升(mol/L);

F——硝酸银标准滴定溶液与硫氰酸钾标准滴定溶液的体积比。

(2)氯化钠含量的测定

① 氯化物的沉淀。准确称取含有50~100mg氯化钠的酱油试液,于100mL容量瓶中。加入5mL硝酸溶液,剧烈摇动时,准确滴加20.00~40.00mL 0.1mol/L硝酸银标准滴定溶液,用水稀释至刻度,在避光处静置5min。用快速滤纸过滤,弃去10mL最初滤液。

② 滴定。取上述50.00mL滤液于250mL锥形瓶中,加入2mL硫酸铁铵饱和溶液,边剧烈摇动边用0.1mol/L硫氰酸钾标准滴定溶液滴定至出现淡棕红色,保持1min不褪色,记录消耗0.1mol/L硫氰酸钾标准滴定溶液的体积(V_5)。

③ 空白试验。用50mL水代替50.00mL滤液,准确加入沉淀试样氯化物时滴加0.1mol/L硝酸银标准滴定溶液体积的二分之一,加入2mL硫酸铁铵饱和溶液,边剧烈摇动边用0.1mol/L硫氰酸钾标准滴定溶液滴定至出现淡棕红色,保持1min不褪色,记录消耗0.1mol/L硫氰酸钾标准滴定溶液的体积(V_0)。

④ 结果计算。酱油中氯化钠的含量以质量分数 ω 计,数值以%表示,按下式计算:

$$\omega = \frac{0.05844 \times c_1 \times (V_0 - V_5) \times K_1}{m} \times 100\%$$

式中 0.05844——与1.00mL硝酸银标准滴定溶液相当的氯化钠的质量,单位为克(g);

c_1——硫氰酸钾标准滴定溶液浓度,单位为摩尔每升(mol/L);

V_0——空白试验消耗硫氰酸钾标准滴定溶液的体积,单位为毫升(mL);

V_5——滴定试样时消耗0.1mol/L硫氰酸钾标准滴定溶液[c(AgNO$_3$)=1.000mol/L]的体积,单位为毫升(mL);

K_1——稀释倍数;

m——试样的质量,单位为克(g)。

计算结果表示到小数点后两位。

允许差:同一样品两次平行测定结果之差,每100g试样不得超过0.2g。

获取资讯

问题 1 用佛尔哈德法测定 Cl^- 时,除了过滤除去 AgCl 外,还有什么措施可以减小误差?

问题 2 若测定 Br^-、I^- 时是否需要采取措施避免沉淀转化?

问题 3 总结佛尔哈德法的测定条件。

问题 4 如何称取酱油试样?

工作计划

表:工作方案　　　　　　　　组别:

步骤	工作内容	负责人(任务分工)
1		
2		
3		
4		

表:仪器、试剂　　　　　　　　组别:

	名称	规格		名称	浓度	配制方法
仪器			试剂			

进行决策

(1) 分组讨论酱油中氯化钠含量测定过程,画出流程图或者实物简图,并分组派代表阐述流程。

(2) 师生共同讨论,选出最佳方案,绘制如下:

工作实施

(1) 领用并检查仪器是否破损。
(2) 领取试剂并配制溶液。
(3) 按照最佳方案完成测定任务。

注意事项

① 操作过程应避免阳光直接照射。

② 当加入 0.1mol/L 硝酸银标准滴定溶液后,如不出现氯化银凝聚沉淀,而呈现胶体溶液时,应在定容、摇匀后移入 250mL 锥形瓶中,置沸水浴中加热数分钟(不得用火直接加热),直至出现氯化银凝聚沉淀,取出,在冷水中迅速冷却至室温,用快速滤纸过滤,弃去 10mL 最初滤液。

③ 本标准(GB 5009.44—2016)的间接沉淀滴定法和直接沉淀滴定法适用于肉类制品、水产制品、蔬菜制品、腌制食品、调味品、淀粉制品中氯化钠的测定,不适用于深颜色食品中氯化钠的测定。样品预处理参见标准 GB 5009.44—2016。

笔记区

（4）数据记录并处理

班级：_____　　姓名：_____　　日期：_____

表：0.1mol/L 硝酸银标准滴定溶液和 0.1mol/L 硫氰酸钾标准滴定溶液的标定

项目	编号			
	1	2	3	4
氯化钠的质量 m_0/g				
沉淀氯化物时加入 $AgNO_3$ 标准滴定溶液的体积 V_1/mL				
滴定过量 $AgNO_3$ 时消耗 KSCN 标准滴定溶液的体积 V_2/mL				
确定体积比 F 时，$AgNO_3$ 标准滴定溶液的体积 V_3/mL				
确定体积比 F 时，KSCN 标准滴定溶液的体积 V_4/mL				
体积比 F				
体积比平均值				
$AgNO_3$ 标准滴定溶液浓度 c_2/mol·L^{-1}				
KSCN 标准滴定溶液浓度 c_1/mol·L^{-1}				
KSCN 标准滴定溶液浓度平均值 /mol·L^{-1}				

要求：以第一组数据为例写出计算公式及过程。

表：酱油中氯化钠含量的测定

项目	编号			
	1	2	3	4
酱油试样质量 m/g				
KSCN 标准滴定溶液浓度 c_1/mol·L^{-1}				
滴定试样消耗 KSCN 体积 V_S/mL				
空白消耗 KSCN 体积 V_0/mL				
ω(NaCl)/%				
$\bar{\omega}$(NaCl)/%				
相对极差 /%				

要求：以第一组数据为例写出计算公式及过程。

依据测定结果，分析本次测定引入的个人误差。

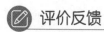 评价反馈

各组汇报、展示成果,有疑难问题交流讨论。

综合评价表

班级			姓名		
工作任务					
评价指标	评价要素	分值	评分		
			自评	互评	师评
考勤(10%)	无迟到、早退、旷课现象	10			
职业素养考核(30%)	穿实验服、规范整洁	5			
	安全意识、责任意识、环保意识、服从意识	5			
	团队合作、与人交流能力	5			
	劳动纪律,诚信、敬业、科学、严谨	5			
	提出问题、分析问题、解决问题能力	5			
	工作现场管理符合 6S 标准	5			
专业能力考核(60%)	积极参加教学活动,按时完成学生工作活页	10			
	滴定管、电子分析天平、过滤操作符合规范(每错 1 处,扣 5 分)	10			
	硫酸铁铵指示剂终点颜色判断准确(每错 1 次,扣 5 分)	20			
	规范记录数据,正确填写报告单,报出结果(每错 1 处,扣 3 分)	20			
总分					
总评	自评(20%)+ 互评(30%)+ 师评(50%)	综合等级	教师:		

项目五 沉淀滴定分析技术

> 知识链接

佛尔哈德法

知识点 2　佛尔哈德法——铁铵矾作指示剂

佛尔哈德法是在酸性介质（HNO_3）中，以铁铵矾 $[NH_4Fe(SO_4)_2 \cdot 12H_2O]$ 作指示剂、以 NH_4SCN 或 $KSCN$ 作标准溶液来确定滴定终点的一种银量法。

一、指示剂作用原理

以测定 Ag^+ 为例，在含有 Ag^+ 的 HNO_3 介质中，以铁铵矾（硫酸铁铵）作指示剂，用 NH_4SCN 标准溶液直接滴定。反应式

$$Ag^+ + SCN^- =\!\!=\!\!= AgSCN \downarrow （白色）$$
$$Fe^{3+} + SCN^- =\!\!=\!\!= [FeSCN]^{2+} （红色）$$

当滴定到化学计量点时，微过量的 SCN^- 与 Fe^{3+} 结合生成红色的 $[FeSCN]^{2+}$ 为滴定终点。

二、滴定条件

（1）指示剂的用量　通常 Fe^{3+} 的浓度为 $0.015 mol \cdot L^{-1}$。

$[Fe^{3+}]$ 过大时，黄色会干扰终点的观察；

$[Fe^{3+}]$ 过小时，$[SCN^-]$ 将过量。

（2）溶液酸度　在 HNO_3 介质中，$[H^+]=0.1\sim 1 mol \cdot L^{-1}$ 之间。因为 Fe^{3+} 在中性或碱性溶液中形成 $Fe(OH)_3$ 沉淀。

（3）充分摇动，减少吸附　$AgSCN$ 沉淀能吸附溶液中的 Ag^+，形成 $AgSCN \cdot Ag^+$，以致红色的出现略早于化学计量点。因此在滴定过程中需剧烈摇动，使被吸附的 Ag^+ 释放出来。

三、佛尔哈德法的应用

佛尔哈德法可用于测定卤素离子（如 Cl^-、Br^-、I^-），不过应采用返滴定法。注意：用佛尔哈德法测定 Cl^-，滴定到临近终点时，经摇动后形成的红色会褪去，这是因为 $AgSCN$ 的溶解度小于 $AgCl$ 的溶解度，加入的 NH_4SCN 与 $AgCl$ 发生沉淀转化反应。

$$AgCl + SCN^- \rightleftharpoons AgSCN \downarrow + Cl^-$$

沉淀的转化速率较慢，滴加 NH_4SCN 形成的红色随着溶液的摇动而消失。这种转化作用将继续进行到 Cl^- 与 SCN^- 浓度之间建立一定的平衡关系，才会出现持久的红色，无疑滴定已多消耗了 NH_4SCN 标准滴定溶液。为了避免上述现象的发生，通常采用以下两种措施：

（1）过滤除去 $AgCl$ 沉淀。

沉淀转化

(2) 隔离 AgCl 沉淀与外部溶液。

$$试液 \xrightarrow{AgNO_3标液} AgCl+Ag^+(过量) \xrightarrow[并用力振荡]{加有机溶剂} AgCl 被包裹$$

加入的有机溶剂可以是硝基苯、邻苯二甲酸二丁酯或 1,2- 二氯乙烷，但硝基苯有毒。

任务三
氯化钠注射液中 NaCl 含量的测定

氯化钠注射液中氯化钠含量的测定

任务描述

有数据显示，我国一年的输液量约 104 亿瓶，相当于 13 亿人每人每年输 8 瓶液，远高于国际人均 2.5 ~ 3.5 瓶的水平。世界卫生组织确定的合理用药原则："能不用就不用，能少用就不多用；能口服不肌注，能肌注不输液"，所以要理性用药，更要告别"输液依赖症"。

现在要对某制药厂生产的氯化钠注射液中的 NaCl 含量进行测定，请你对即将出厂的该批次注射液进行测定，并出具检验报告单。

学习目标

素质目标：具备实验室安全意识、"质量第一"的责任意识、团队合作意识、环保意识；具备良好的实验习惯、严谨的思维方法、实事求是的工作作风。

知识目标：掌握氯化钠测定的原理及计算；掌握法扬司法滴定条件。

能力目标：能规范使用酸式滴定管、电子分析天平等分析仪器；能准确判定荧光黄指示剂终点颜色；能准确书写数据记录和检验报告。

任务书

请你完成氯化钠注射液中 NaCl 含量的测定任务，并出具检验报告单。

1. **方法原理**

以 $AgNO_3$ 标准溶液滴定 Cl^-，荧光黄为指示剂。反应式如下：

$$Cl^- + Ag^+ = AgCl\downarrow（白色）$$

$$（AgCl）\cdot Ag^+ + Fl^-（黄绿色）\xrightarrow{吸附}（AgCl）\cdot Ag \cdot Fl（粉红色）$$

到达化学计量点时，带正电荷的（AgCl）· Ag^+ 吸附荧光黄阴离子 Fl^-，结构发生变化呈现粉红色，使整个溶液由黄绿色变成粉红色，指示终点的到达。

2. **任务准备**

(1) $AgNO_3$ 标准滴定溶液：$c(AgNO_3)=0.1 mol/L$；

（2）糊精溶液：2%；
（3）硼砂：2.5%；
（4）荧光黄指示液：5g/L；
（5）氯化钠注射液（NaCl 含量为 0.850% ~ 0.950%）。

3. 分析步骤

精密量取本品 10mL，加水 40mL、2% 糊精溶液 5mL、2.5% 硼砂溶液 2mL 与荧光黄指示液 5 ~ 8 滴，用硝酸银滴定液（0.1mol/L）滴定。平行测定 3 次。

获取资讯

问题 1　加糊精溶液的目的是什么？
问题 2　说明吸附指示剂的变色原理。
问题 3　吸附指示剂使用时的注意事项有哪些？
问题 4　推导氯化钠含量的计算公式，单位 g/mL。

工作计划

表：工作方案　　　　　　　　　　　　组别：

步骤	工作内容	负责人（任务分工）
1		
2		
3		
4		

表：仪器、试剂　　　　　　　　　　　组别：

	名称	规格		名称	浓度	配制方法
仪器			试剂			

进行决策

（1）分组讨论注射液中 NaCl 含量测定的实验过程，画出流程图或者实物简图，并分组派代表阐述流程。

（2）师生共同讨论，选出最佳方案，绘制如下：

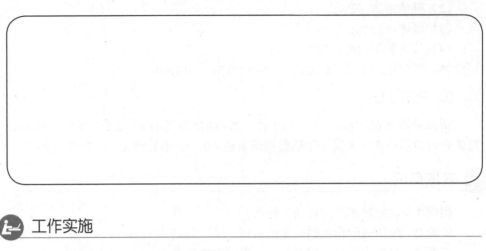

工作实施

(1) 领用并检查仪器是否破损。
(2) 领取试剂并配制溶液。
(3) 按照最佳方案完成测定任务。

注意事项

① 由于颜色变化发生在沉淀表面,因此应尽量使沉淀的比表面大一些。
② 溶液的浓度不宜太稀,沉淀少时,观察终点比较困难。
③ 避免在强光下进行滴定,因为卤化银沉淀对光敏感,很快转变为灰黑色,影响终点的观察。

笔记区

(4) 数据记录并处理

班级：_____　　姓名：_____　　日期：_____

表：氯化钠注射液中 NaCl 含量的测定

项目	编号			
	1	2	3	4
$c(AgNO_3)/mol \cdot L^{-1}$				
注射液体积 /mL				
滴定消耗 $AgNO_3$ 体积 /mL				
$\rho(NaCl)/g \cdot mL^{-1}$				
$\bar{\rho}(NaCl)/g \cdot mL^{-1}$				
相对极差 /%				

要求：以第一组数据为例写出计算公式及过程。

依据测定结果，分析本次测定引入的个人误差。

知识链接

视频扫一扫

法扬司法

知识点 3　法扬司法——吸附指示剂

法扬司法是使用吸附指示剂确定滴定终点的一种银量法。吸附指示剂是一类有机染料，它的阴离子在溶液中易被带正电荷的胶状沉淀吸附，吸附后沉淀结构改变，从而引起颜色的变化，指示滴定终点的到达。

一、指示剂作用机理

如测定 Cl^-，荧光黄是一种有机弱酸，用 HFI 表示，在水溶液中可离解为荧光黄阴离子 FI^-（黄绿色）。

到达化学计量点（sp）前：$AgCl \xrightarrow{\text{吸附}Cl^-\text{(溶液中)}} (AgCl) \cdot Cl^- \xrightarrow{\text{不吸附}} FI^-$（黄绿色），如图 5-2 所示。

到达化学计量点（sp）后：结构发生变化，整个溶液由黄绿色变成粉红色，指示终点到达，如图 5-3 所示。

$$AgCl \xrightarrow{\text{吸附}Ag^+\text{(微过量)}} (AgCl) \cdot Ag^+$$

$$(AgCl) \cdot Ag^+ + FI^- \xrightarrow{\text{吸附}} (AgCl) \cdot Ag \cdot FI$$

（黄绿色）　　　　　　　　　（粉红色）

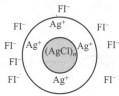

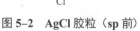

图 5-2　AgCl 胶粒（sp 前）　　图 5-3　AgCl 胶粒（sp 后）

二、法扬司法滴定条件

（1）保持沉淀呈胶体状态　由于吸附指示剂的颜色变化发生在沉淀微粒表面上，因此，应尽可能使卤化银沉淀呈胶体状态，具有较大的表面积。为此，在滴定前应将溶液稀释，并加糊精或淀粉等高分子化合物作为保护剂，以防止卤化银沉淀凝聚。

（2）控制溶液酸度　常用的吸附指示剂大多是有机弱酸，而起指示剂作用的是它们的阴离子。酸度大时，H^+ 与指示剂阴离子结合成不被吸附的指示剂分子，无法指示终点。例如荧光黄的 $pK_a \approx 7$，适用于 pH=7～10 的条件下进行滴定，若 pH＜7 荧光黄主要以 HFI 形式存在，不被吸附。

（3）避免强光照射　卤化银沉淀对光敏感，易分解析出银使沉淀变为灰黑色，影响滴定终点的观察，因此在滴定过程中应避免强光照射。

（4）指示剂的吸附性能要适中　沉淀胶体微粒对指示剂离子的吸附能力，应略小于对待测离子的吸附能力，否则指示剂将在 sp（化学计量点）前变色。但不

项目五　沉淀滴定分析技术　　243

能太小，否则终点出现过迟。卤化银对卤化物和几种吸附指示剂的吸附能力的次序如下：

$$I^- > SCN^- > Br^- > 曙红 > Cl^- > 荧光黄$$

> **学习要点**
>
> ## 一、莫尔法——K_2CrO_4 作指示剂
>
> **1. 基本原理**
>
> 以 $AgNO_3$ 为标准溶液，K_2CrO_4 作指示剂的银量法。
> sp 前：$Ag^+ + Cl^- \rightleftharpoons AgCl\downarrow$（白）；sp 时：$2Ag^+ + CrO_4^{2-} \rightleftharpoons Ag_2CrO_4\downarrow$（砖红）
>
> **2. 测定条件**
>
> ① 指示剂的用量。$[CrO_4^{2-}]=0.005mol\cdot L^{-1}$。
> ② 溶液 pH=6.5～10.5 的中性或弱碱性条件。
> ③ 剧烈摇动，以减少沉淀对被滴定物的吸附。
>
> **3. 应用**
>
> 莫尔法主要用于测定 Cl^-、Br^- 和二者总量，莫尔法不宜测定 I^- 和 SCN^-。
>
> ## 二、佛尔哈德法——铁铵矾作指示剂
>
> **1. 基本原理**
>
> 用铁铵矾作指示剂，以 NH_4SCN 或 KSCN 标准溶液滴定 Ag^+ 的试液，反应如下：
> $Ag^+ + SCN^- \rightleftharpoons AgSCN\downarrow$（白）　$Fe^{3+} + SCN^- \rightleftharpoons [Fe(SCN)]^{2+}$（红）
>
> **2. 测定条件**
>
> ①指示剂的用量。通常 $[Fe^{3+}]=0.015mol\cdot L^{-1}$。
> ②溶液酸度。HNO_3 酸性，$[H^+]$ 在 0.1～$1mol\cdot L^{-1}$ 之间。
> ③充分摇动，减少吸附。
>
> **3. 应用**
>
> 可以用来测定 Cl^-、Br^-、I^-；测定时注意 Cl^- 沉淀转化的发生。

三、法扬司法——吸附指示剂

1. 基本原理

$$AgCl \cdot Ag^+ + FIn^- \xrightarrow{吸附} AgCl \cdot Ag \cdot FIn（粉红色）$$

X^- 过量，沉淀表面吸附构晶离子 X^-，溶液中的指示剂阳离子作为抗衡离子被吸附。

2. 吸附指示剂使用注意事项

保持沉淀呈胶体状态；控制溶液酸度；避免强光照射；吸附性能要适中。

巩固提升

选择题

1. 莫尔法采用 $AgNO_3$ 标准溶液测定 Cl^- 时，其滴定条件是（　　）。
   A. pH=2.0～4.0　　　　　　　　B. pH=6.5～10.5
   C. pH=4.0～6.5　　　　　　　　D. pH=10.0～12.0
2. 用莫尔法测定纯碱中的氯化钠，应选择的指示剂是（　　）。
   A. $K_2Cr_2O_7$　　B. K_2CrO_4　　C. KNO_3　　D. $KClO_3$
3. 莫尔法采用 $AgNO_3$ 标准溶液测定 Cl^-，终点时不剧烈摇动锥形瓶，测定结果将（　　）。
   A. 偏高　　B. 偏低　　C. 无影响　　D. 无法判断
4. 莫尔法采用 $AgNO_3$ 标准溶液测定 Cl^- 时，指示剂浓度过大，会使测定结果（　　）。
   A. 偏高　　B. 偏低　　C. 无影响　　D. 无法判断
5. 采用佛尔哈德法测定水中 Ag^+ 含量时，终点颜色为（　　）。
   A. 红色　　B. 纯蓝色　　C. 黄绿色　　D. 蓝紫色

项目六

重量分析技术

重量分析法概述

重量分析法是经典的化学分析方法之一。重量分析法是根据试样减轻的质量或反应中生成的难溶化合物的质量来确定被测组分含量的分析方法。

在重量分析法中,一般是先把被测组分从试样中分离出来,转化为一定的称量形式,然后根据称得的质量求出该组分的含量。根据分离方法的不同,重量分析法可分为气化法(挥发法)、沉淀法、电解法等,常用的是气化法和沉淀法。本项目重点介绍沉淀重量法。沉淀重量法一般经过一系列操作步骤来完成测定。

试样 $\xrightarrow{溶解}$ 试液 $\xrightarrow{沉淀剂}$ 沉淀形式 $\xrightarrow{过滤、洗涤、烘干、灼烧}$ 称量形式 $\xrightarrow{质量恒定}$ 计算

用沉淀重量法进行分析时,得到的"沉淀形"和"称量形"可能相同,也可能不同。在重量分析法中,为获得准确的分析结果,沉淀形和称量形必须满足以下要求。

氯化钡中结晶水含量的测定

重量分析法基本操作

对沉淀形的要求

① 沉淀要完全。沉淀的溶解度要小,要求测定过程中沉淀的溶解损失不应超过分析天平的称量误差。一般要求溶解损失应小于 0.1mg。

② 沉淀必须纯净。并易于过滤和洗涤。沉淀纯净是获得准确分析结果的重要因素之一。

③ 应易于转化为称量形。沉淀经烘干、灼烧时,应易于转化为称量形式。

对称量形的要求

① 称量形的组成必须与化学式相符,这是定量计算的基本依据。

② 称量形要有足够的稳定性,不易吸收空气中的 O_2、CO_2、H_2O。

③ 称量形的摩尔质量尽可能大。

$Al^{3+} \rightarrow Al(OH)_3 \downarrow \rightarrow Al_2O_3$ $2\dfrac{Al}{Al_2O_3}=2\times\dfrac{26.96}{101.96}=0.5mg$

$Al(C_9H_6NO)_3 \downarrow$ $\dfrac{Al}{Al(C_9H_6NO)_3}=\dfrac{26.96}{459.4}=0.06mg$

本教学项目以一个工作任务为引领,进行理实一体化教学,学习完相关重量分析法理论知识后,学生要能够依据国家标准独立完成以下拓展任务。

引领任务

任务一 氯化钡中钡含量的测定

拓展任务

任务二 饲料中钙含量的测定

任务一
氯化钡中钡含量的测定

📖 任务描述

现有一瓶化学试剂 $BaCl_2·2H_2O$,请你采用下述沉淀重量法测定钡含量,并出具检验报告单。重量分析基本操作的规范性是得到可靠分析结果的关键。与 GB/T 652—2003 中测定钡含量的方法进行对照,比较分析结果有无显著性差异。

🏅 学习目标

素质目标:具备实验室安全意识、"质量第一"的责任意识、团队合作意识、环保意识;具备良好的实验习惯、严谨的思维方法、实事求是的工作作风。

知识目标:掌握重量法测定氯化钡中钡含量的原理及计算。

能力目标:能熟练掌握重量分析的溶解、沉淀、过滤、洗涤、烘干、灼烧等基本操作;能准确书写数据记录和检验报告。

📋 任务书

1. 方法原理

称取一定量的 $BaCl_2·2H_2O$,加水溶解,加稀 HCl 溶液酸化,加热至微沸,在不断搅动的条件下,慢慢地加入稀、热的 H_2SO_4,Ba^{2+} 与 SO_4^{2-} 反应,形成晶形沉淀。

$$Ba^{2+} + SO_4^{2-} \longrightarrow BaSO_4 \downarrow \xrightarrow[洗涤]{过滤} \xrightarrow[灼烧]{800℃} BaSO_4(称量形式)$$

获得的 $BaSO_4$ 晶形沉淀经过滤、洗涤、烘干、灼烧等操作后,以 $BaSO_4$ 形式称量,求出氯化钡含量。

2. 任务准备

(1)马弗炉;
(2)瓷坩埚:25mL;
(3)玻璃漏斗;
(4)定量滤纸:慢速或中速;
(5)H_2SO_4 溶液:1mol/L、0.1mol/L;
(6)HCl 溶液:2mol/L;
(7)HNO_3 溶液:2mol/L;
(8)$AgNO_3$ 溶液:0.1mol/L;
(9)$BaCl_2·2H_2O$:分析纯。

3. 分析步骤

（1）**空坩埚的恒重**　将两只洁净的瓷坩埚放在（850±20）℃的马弗炉中灼烧至恒重。第一次灼烧 40min，第二次后每次灼烧 20min，直至恒重。灼烧也可在煤气灯上进行。

（2）**称样及沉淀的制备**　准确称取两份 0.4~0.6g $BaCl_2\cdot 2H_2O$ 试样，分别置于 400mL 烧杯中，加入 100mL 水、3mL 2mol/L HCl 溶液，搅拌溶解，加热近沸。

另取 4mL 1mol/L H_2SO_4 溶液两份于两个 100mL 烧杯中，加水 30mL，加热至近沸，趁热将两份 H_2SO_4 溶液分别用小滴管逐滴地加入两份热的氯化钡溶液中，并用玻璃棒不断搅拌，直至两份 H_2SO_4 溶液加完为止。待 $BaSO_4$ 沉淀下沉后，于上层清液中加入 1~2 滴 0.1mol/L H_2SO_4 溶液，仔细观察沉淀是否完全。沉淀完全后，盖上表面皿（切勿将玻璃棒拿出杯外），放置过夜陈化。也可将沉淀放在水浴或砂浴上，保温 40min 陈化，其间要搅动几次。

（3）**沉淀的过滤和洗涤**　用慢速或中速滤纸倾泻法过滤。用稀 H_2SO_4（用 10mL 1mol/L H_2SO_4 溶液加 100mL 水配成）洗涤 3~4 次，每次稀 H_2SO_4 约 10mL。然后将沉淀定量转移到滤纸上，用沉淀帚由上到下擦拭烧杯内壁，并用折叠滤纸时撕下的小片滤纸擦拭杯壁，并将此小滤纸片放入漏斗中，再用稀 H_2SO_4 洗涤 4~6 次，直至洗涤液中不含 Cl^- 为止（检查方法：用试管收集 2mL 滤液，加 1 滴 2mol/L HNO_3 溶液酸化，加入 2 滴 $AgNO_3$ 溶液，若无白色浑浊产生，表示 Cl^- 已洗净）。

（4）**沉淀的灼烧和恒重**　将折叠好的沉淀滤纸包置于已恒重的瓷坩埚中，经烘干、炭化、灰化后，于（850±20）℃的马弗炉中灼烧至恒重。

滤纸的折叠及沉淀过滤

📖 获取资讯

问题 1　本实验中沉淀形、称量形是什么？对其有何要求？
问题 2　以生成 $BaSO_4$ 沉淀为例，说明晶形沉淀的沉淀条件是什么。
问题 3　如何检验 Ba^{2+} 沉淀完全？
问题 4　倾泻法过滤的要点是什么？
问题 5　为什么检验洗涤液中的 Cl^-，如何检验？
问题 6　什么是陈化？陈化目的是什么？$BaSO_4$ 沉淀炭化、灰化的目的是什么？

📅 工作计划

表：工作方案　　　　　　　　　　　　组别：

步骤	工作内容	负责人（任务分工）
1		
2		
3		
4		

表：仪器、试剂　　　　　　　　　　　　组别：

仪器	名称	规格	试剂	名称	浓度	配制方法

📄 进行决策

（1）分组讨论氯化钡含量测定实验过程，画出流程图或者实物简图，并分组派代表阐述流程。

（2）师生共同讨论，选出最佳方案，绘制如下：

工作实施

（1）领用并检查仪器是否破损。
（2）领取试剂并配制溶液。
（3）按照最佳方案完成测定任务。

注意事项

① 玻璃棒一旦放入 $BaCl_2$ 溶液中，就不能拿出。

② 稀硫酸和样品溶液都必须加热至近沸，并趁热加入硫酸，最好在断电的热电炉上加入，加入硫酸的速度要慢并不断搅拌，否则形成的沉淀太细会穿透滤纸。

③ 表面皿取下时要冲洗，陈化时要盖表面皿。

④ 洗净的坩埚放取或移动都应依靠坩埚钳，不得用手直接拿。放置坩埚钳时，要将钳尖向上，以免沾污。

⑤ Ba^{2+} 可生成一系列微溶化合物，如 $BaCO_3$、BaC_2O_4、$BaCrO_4$、$BaHPO_4$、$BaSO_4$ 等，其中以 $BaSO_4$ 溶解度最小，当过量沉淀剂存在时，溶解度大为减小，一般可以忽略不计。

（4）数据记录并处理

班级：_____　　姓名：_____　　日期：_____

表：氯化钡中钡含量的测定

项目	编号		
	1	2	3
试样质量 /g			
空坩埚质量 /g			
沉淀 + 坩埚质量 /g			
沉淀质量 /g			
$\omega(BaCl_2)/\%$			
$\bar{\omega}(BaCl_2)/\%$			
相对极差 /%			

要求：以第一组数据为例写出计算公式及过程。

依据测定结果，分析本次测定引入的个人误差。

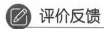
评价反馈

各组汇报、展示成果，有疑难问题交流讨论。

综合评价表

班级			姓名		
工作任务					
评价指标	评价要素	分值	评分		
			自评	互评	师评
考勤（10%）	无迟到、早退、旷课现象	10			
职业素养考核（30%）	穿实验服、规范整洁	5			
	安全意识、责任意识、环保意识、服从意识	5			
	团队合作、与人交流能力	5			
	劳动纪律、诚信、敬业、科学、严谨	5			
	提出问题、分析问题、解决问题能力	5			
	工作现场管理符合 6S 标准	5			
专业能力考核（60%）	积极参加教学活动，按时完成学生工作活页	10			
	电子分析天平称量试样、坩埚符合规范（每错 1 处，扣 5 分）	10			
	重量分析操作（溶解、沉淀、过滤、洗涤、烘干、灼烧）符合规范（每错 1 次，扣 5 分）	30			
	规范记录数据，正确填写报告单，报出结果（每错 1 处，扣 3 分）	10			
总分					
总评	自评（20%）+ 互评（30%）+ 师评（50%）	综合等级	教师：		

> 知识链接

知识点1 重量分析结果的计算

一、重量分析中的换算因数

重量分析是根据称量形式的质量来计算待测组分的含量。待测组分的摩尔质量与称量形的摩尔质量之比（常数），称为换算因数或化学因数，用 F 表示。待测组分 B 的质量分数按下式计算：

$$\omega_B = \frac{m_{称} F}{m_s} \times 100\% \qquad F = \frac{M_B}{M_{称}}$$

式中　ω_B——待测组分 B 的质量分数，%；

　　　$m_{称}$——待测组分 B 称量形的质量，g；

　　　m_s——待测试样的质量，g；

　　　F——换算因数。

换算因数 F 中的基本单元，以含有或相当于一个待测主体元素的原子为依据。表 6-1 列出几种常见物质的换算因数。

表 6-1　几种常见物质的换算因数

被测组分	沉淀形	称量形	换算因数
Fe	$Fe_2O_3 \cdot nH_2O$	Fe_2O_3	$2M(Fe)/M(Fe_2O_3)=0.6994$
Fe_3O_4	$Fe_2O_3 \cdot nH_2O$	Fe_2O_3	$2M(Fe_3O_4)/3M(Fe_2O_3)=0.9666$
P	$MgNH_4PO_4 \cdot 6H_2O$	$Mg_2P_2O_7$	$2M(P)/M(Mg_2P_2O_7)=0.2783$
MgO	$MgNH_4PO_4 \cdot 6H_2O$	$Mg_2P_2O_7$	$2M(MgO)/M(Mg_2P_2O_7)=0.3621$
S	$BaSO_4$	$BaSO_4$	$M(S)/M(BaSO_4)=0.1374$

二、结果计算示例

【例 6-1】测定磁铁矿中铁的含量时，称取试样 0.1666g，经溶解、氧化，使 Fe^{3+} 离子沉淀为 $Fe(OH)_3$，灼烧后得 Fe_2O_3 质量为 0.1370g，计算试样中：（1）Fe 的质量分数；（2）Fe_3O_4 的质量分数。

解：（1）$\omega_{Fe} = \dfrac{m_{Fe}}{m_s} \times 100\% = \dfrac{m_{Fe_2O_3} \times \dfrac{2M(Fe)}{M(Fe_2O_3)}}{m_s} \times 100\%$

$$\omega_{Fe} = \frac{0.1370 \times 2 \times 55.85/159.7}{0.1666} \times 100\% = 57.52\%$$

答：该磁铁矿试样中 Fe 的质量分数为 57.52%。

(2) $\omega_{Fe_3O_4} = \dfrac{m_{Fe_3O_4}}{m_s} \times 100\% = \dfrac{m_{Fe_2O_3} \times \dfrac{2M(Fe_3O_4)}{3M(Fe_2O_3)}}{m_s} \times 100\%$

$\omega_{Fe_3O_4} = \dfrac{0.1370 \times 2 \times 231.5/(3 \times 159.7)}{0.1666} \times 100\% = 79.47\%$

答：该磁铁矿试样中 Fe_3O_4 的质量分数为 79.47%。

沉淀条件的选择

知识点 2　沉淀条件的选择

一、沉淀的类型

沉淀按其物理性质的不同，可粗略地分为晶形沉淀、无定形沉淀、凝乳状沉淀。如表 6-2 所示。

表 6-2　沉淀的类型

晶形沉淀	无定形沉淀	凝乳状沉淀
颗粒直径 $d>$ 0.1mm	颗粒直径 $d<$ 0.02m	颗粒直径 d 在 0.02～0.1μm
如：$BaSO_4$、$MgNH_4PO_4$ 特点：颗粒大、结构紧密、体积小、杂质少、易过滤洗涤	如：$Fe(OH)_3$、$Al(OH)_3$ 特点：大多数硫化物含水多、疏松、体积大、杂质多、难过滤洗涤	如：AgCl 沉淀 特点：其性质也介于晶形沉淀和无定形沉淀之间

在沉淀过程中，究竟生成的沉淀属于哪一种类型，主要取决于沉淀本身的性质和沉淀的条件。

二、沉淀的形成过程

沉淀的形成是一个复杂的过程，一般来讲，沉淀的形成要经过晶核形成和晶核长大两个过程，简单表示如图 6-1 所示。

图 6-1　沉淀的形成过程

(V_1：晶核形成速度；V_2：成长速度)

将沉淀剂加入待测组分的试液中，溶液是过饱和状态时，构晶离子由于静电作用而形成微小的晶核。晶核的形成可以分为均相成核和异相成核。

均相成核是指过饱和溶液中构晶离子通过缔合作用，自发地形成晶核的过程。例如：$BaSO_4$ 的晶核由 8 个构晶离子组成。

异相成核是指在过饱和溶液中,构晶离子在外来固体微粒的诱导下,聚合在固体微粒周围形成晶核的过程。溶液中的"晶核"数目取决于溶液中混入固体微粒的数目。

溶液中有了晶核后,过饱和溶液中的溶质就可在晶核上沉积出来,晶核逐渐长成沉淀颗粒。有的过饱和溶液就是析不出沉淀颗粒,原因:无晶核或晶种。

前已述及,由构晶离子组成的晶核叫均相成核;不纯微粒也可起晶种的作用叫异相成核。显然,我们能做的就是尽量减少晶核的数目,除了将容器洗干净,让杂质微粒降到最小外(异相成核无法避免,只能减少),我们能否让均相成核减少,甚至让其趋近于零呢?

冯·韦曼(Von Weimarn)提出了一个经验公式:对同一种沉淀而言,晶核形成速度 V_1 与溶液中的相对过饱和度成正比。

$$V_1 = K \cdot \underbrace{\frac{Q-S}{S}}_{\text{相对过饱和度}}$$

式中 S——晶核的溶解度;

Q——加入沉淀剂瞬间溶质的总浓度;

$Q-S$——过饱和度;

K——常数,与沉淀的性质、温度等有关。

溶液相对过饱和度较小——异相成核——晶核数目少——沉淀颗粒大;

溶液相对过饱和度较大——均相、异相成核——晶核数目多——沉淀颗粒小。

三、沉淀的条件

在重量分析中,为了获得准确的分析结果,要求沉淀完全、纯净、易于过滤和洗涤,并减少沉淀的溶解损失。因此,对于不同类型的沉淀,应当选用不同的沉淀条件。

1. 晶形沉淀

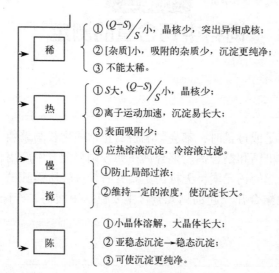

陈化是指沉淀完全后,将沉淀连同母液放置一段时间。加热和搅拌可以缩短

陈化时间。陈化过程及效果见图 6-2。

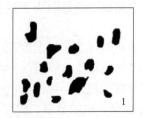 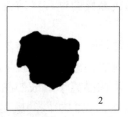

图 6-2 陈化过程及效果
(1—未陈化；2—室温下陈化四天)

2. 无定形沉淀

洗涤无定形沉淀时，一般选用热、稀的电解质溶液作洗涤液，主要是防止沉淀重新变为胶体难于过滤和洗涤，常用的洗涤液有 NH_4NO_3、NH_4Cl 或氨水。

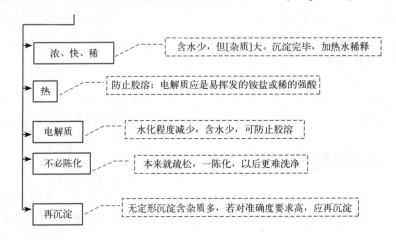

任务二
饲料中钙含量的测定

任务描述

当饲料中钙不足或过量时，都会影响畜禽正常的生长与繁殖。饲料中的一般钙源分无机钙、有机钙和螯合钙。螯合钙在如今饲料配方中应用较少；无机钙是与无机物结合在一起的钙元素，无机钙主要有石粉、轻质碳酸钙、磷酸钙等；有机钙就是与有机物结合在一起的钙元素，主要包括甲酸钙、柠檬酸钙、乳酸钙、葡萄糖酸钙等。

学习目标

素质目标： 具备实验室安全意识、"质量第一"的责任意识、团队合作意识、环保意识；具备良好的实验习惯、严谨的思维方法、实事求是的工作作风。

知识目标：掌握用 $KMnO_4$ 法测定钙的原理、步骤和操作技术及相关计算。

能力目标：能熟练掌握滴定、过滤、洗涤、烘干、灼烧等操作技术；能准确书写数据记录和检验报告。

任务书

现有新购进的一袋饲料，请你解读以下标准（GB 6436—2018），用重量分析法完成饲料中钙含量的测定任务，并出具检验报告单。

1. 方法原理

将试样中有机物破坏，钙变成溶于水的 Ca^{2+}，在弱酸性溶液中，Ca^{2+} 与 $C_2O_4^{2-}$ 形成 CaC_2O_4 沉淀，过滤、洗涤后，用 H_2SO_4 溶解，生成的 $C_2O_4^{2-}$ 用 $KMnO_4$ 标准滴定溶液滴定，以 $KMnO_4$ 自身为指示剂。从而间接测得钙的含量。

$$Ca^{2+}+C_2O_4^{2-}=\!=\!=CaC_2O_4\downarrow$$
$$CaC_2O_4+2H^+=\!=\!=Ca^{2+}+H_2C_2O_4$$
$$2MnO_4^-+5C_2O_4^{2-}+16H^+=\!=\!=2Mn^{2+}+10CO_2\uparrow+8H_2O$$

2. 任务准备

（1）HCl 溶液：1+3；

（2）H_2SO_4 溶液：1+3；

（3）氨水溶液：1+1；1+50；

（4）$(NH_4)_2C_2O_4$ 溶液：42g/L，称取 4.2g 草酸铵溶于 100mL 水中；

（5）甲基红指示剂：1g/L，称取 0.1g 甲基红溶于 100mL 95% 乙醇中；

（6）$KMnO_4$ 标准滴定溶液：$c(1/5KMnO_4)=0.05mol/L$；

（7）饲料试样。

3. 分析步骤

（1）试样提取（干法）　用四分法缩减取样，按 GB/T 20195 制备试样，粉碎至全部过 0.45mm 孔筛，混匀装于密封容器，备用。称取试样 0.5～5g 于坩埚中，精确至 0.0001g，在电炉上小心炭化，再放入高温炉于 550℃下灼烧 3h，在坩埚中加入盐酸溶液 10mL 和浓硝酸数滴，小心煮沸，将此溶液转入 100mL 容量瓶中，冷却至室温，用水稀释至刻度，摇匀，为试样分解液。

（2）测定　准确移取试样分解液 10～20mL（含钙量 20mg 左右）于 200mL 烧杯中，加水 100mL，甲基红指示剂 2 滴，滴加氨水溶液（1+1）至溶液呈橙色，若滴加过量，可加盐酸溶液调至橙色，再多加 2 滴使其呈粉红色（pH 为 2.5～3.0），小心煮沸，慢慢滴加热草酸铵溶液 10mL，且不断搅拌，如溶液变橙色，则应补加盐酸溶液使其呈红色，煮沸 2～3min，放置过夜使沉淀陈化（或在水浴上加热 2h）。

用定量滤纸过滤，用氨水溶液（1+50）洗沉淀 6～8 次，至无草酸根离子，接滤液数毫升，加硫酸溶液数滴，加热至 80℃，再加高锰酸钾标准溶液 1 滴，呈微红色，且 30s 不褪色。

将沉淀和滤纸转入原烧杯中,加硫酸溶液 10mL,水 50mL,加热至 75～80℃,用高锰酸钾标准溶液滴定,溶液呈粉红色且 30 s 不褪色为终点。

同时进行空白溶液的测定。

(3) 数据处理

试样中钙的含量 X,以质量分数表示(%),按下式计算:

$$X = \frac{(V-V_0) \times c \times 0.02}{m \times \dfrac{V'}{100}} \times 100\%$$

式中 V——试样消耗高锰酸钾标准溶液的体积,单位为毫升(mL);

V_0——空白消耗高锰酸钾标准溶液的体积,单位为毫升(mL);

c——高锰酸钾标准溶液的浓度,单位为摩尔每升(mol/L);

V'——滴定时移取试样分解液体积,单位为毫升(mL);

m——试样的质量,单位为克(g);

0.02——与 1.00mL 高锰酸钾标准溶液 $[c(1/5KMnO_4)=1.000mol/L]$ 相当的以克表示的钙的质量。

测定结果用平行测定的算术平均值表示,结果保留三位有效数字。

获取资讯

问题 1　如果沉淀洗涤不干净,对沉淀结果有何影响?

问题 2　影响沉淀纯度的因素有哪些?

问题 3　影响沉淀溶解度的因素有哪些?

问题 4　为何将溶液酸度控制在 pH=4.5～5.5?

问题 5　为获得纯净且颗粒大的 CaC_2O_4 沉淀,本实验控制了哪些条件?

工作计划

表:工作方案　　　　　　　　　　　　　　组别:

步骤	工作内容	负责人(任务分工)
1		
2		
3		
4		

表:仪器、试剂　　　　　　　　　　　　　组别:

仪器	名称	规格	试剂	名称	浓度	配制方法

进行决策

(1) 分组讨论钙含量测定过程,画出流程图或者实物简图,并分组派代表阐述流程。

(2) 师生共同讨论,选出最佳方案,绘制如下:

工作实施

(1) 领用并检查仪器是否破损。
(2) 领取试剂并配制溶液。
(3) 牢记注意事项,按照最佳方案完成测定任务。

> **注意事项**
>
> ① 洗涤沉淀时为了获得纯净的 CaC_2O_4 沉淀,必须严格控制酸度条件(pH=4.5~5.5),pH 过低有可能沉淀不完全,pH 过高可能生成 $Ca(OH)_2$ 沉淀和碱式 CaC_2O_4 沉淀。
>
> ② 由于 CaC_2O_4 沉淀溶解度较大,用蒸馏水洗涤要少量多次,每次洗涤应将溶液全部用滤纸过滤。

(4) 数据记录并处理(自行绘制数据处理表格)

班级:_____ 姓名:_____ 日期:_____

依据测定结果,分析本次测定引入的个人误差。

知识链接

知识点 3 影响沉淀溶解度的因素

影响沉淀溶解度的因素很多,如同离子效应、盐效应、酸效应、配位效应等。此外,温度、介质、沉淀结构和颗粒大小等对沉淀的溶解度也有影响。现分别进行讨论。

视频扫一扫

影响沉淀溶解度的因素

一、同离子效应

在难溶电解质饱和溶液中加入与其含有相同离子的易溶强电解质，使难溶电解质的溶解度降低的效应，称为同离子效应。

如果在 $BaSO_4$ 的沉淀溶解平衡系统中加入 $BaCl_2$（或 Na_2SO_4）就会破坏平衡，结果生成更多的 $BaSO_4$ 沉淀。当新的平衡建立时，$BaSO_4$ 的溶解度减小。

并非沉淀剂过量越多越好。可挥发性沉淀剂过量 50%~100%，非挥发性沉淀剂过量 20%~30%。

二、盐效应

在难溶电解质饱和溶液中，加入易溶强电解质（可能含有共同离子或不含共同离子）而使难溶电解质的溶解度增大的效应，称为盐效应。见表 6-3。

表 6-3 $PbSO_4$ 在不同浓度的 Na_2SO_4 溶液中的溶解度

$c(Na_2SO_4)$/(mol/L)	0	0.001	0.01	0.02	0.04	0.100	0.200
$s(PbSO_4)$/(mol/L)	0.15	0.024	0.016	0.014	0.013	0.016	0.023

$c_{Na_2SO_4}$=0~0.04mol/L 时，同离子效应为主；$c_{Na_2SO_4}$>0.04mol/L 时，盐效应为主。

三、酸效应

溶液酸度对沉淀溶解度的影响，称为酸效应。如 CaC_2O_4 沉淀在溶液中有下列平衡：

$$CaC_2O_4 \rightleftharpoons Ca^{2+} + C_2O_4^{2-}$$
$$-H^+ \updownarrow +H^+$$
$$HC_2O_4^- \underset{-H^+}{\overset{+H^+}{\rightleftharpoons}} H_2C_2O_4$$

当酸度较高时，沉淀溶解平衡向右移动，从而增加了沉淀溶解度。酸效应对于不同类型沉淀的影响不一样。

四、配位效应

进行沉淀反应时，若溶液中存在能与构晶离子生成可溶性配合物的配位剂，则可使沉淀溶解度增大，这种现象称为配位效应。

沉淀剂本身就是配合剂，那么反应中既有同离子效应，降低沉淀的溶解度，又有配位效应，增大沉淀的溶解度。如果沉淀剂适当过量，同离子效应起主导作用，沉淀的溶解度降低；如果沉淀剂过量太多，则配位效应起主导作用，沉淀的溶解度反而增大。表 6-4 中 AgCl 沉淀在不同浓度的 NaCl 溶液中的溶解度证明了这一点。

表 6-4　AgCl 沉淀在不同浓度的 NaCl 溶液中的溶解度

过量 NaCl 浓度 c /mol·L^{-1}	AgCl 溶解度 s /mol·L^{-1}	过量 NaCl 浓度 c /mol·L^{-1}	AgCl 溶解度 s /mol·L^{-1}
0	1.3×10^{-5}	8.8×10^{-2}	3.6×10^{-6}
3.9×10^{-3}	7.2×10^{-7}	3.5×10^{-1}	1.7×10^{-5}
9.2×10^{-3}	9.1×10^{-7}	5.0×10^{-1}	2.8×10^{-5}

综上所述，在实际工作中应根据具体情况来考虑哪种效应是主要的。

五、其他影响因素

除上述因素外，温度和溶剂，沉淀颗粒大小和结构等，都对沉淀的溶解度有影响。

1. 温度的影响

溶解反应一般是吸热反应，因此，沉淀的溶解度一般是随着温度的升高而增大。若沉淀的溶解度很小，如 $Fe(OH)_3$、$Al(OH)_3$，或者受温度的影响很小，在热溶液中过滤，可加快过滤速度。

2. 溶剂的影响

多数无机化合物沉淀为离子晶体，它们在有机溶剂中的溶解度要比在水中小，在沉淀重量法中，可采用向水中加入乙醇、丙酮等有机溶剂的办法来降低沉淀的溶解度。

3. 沉淀颗粒大小的影响

沉淀的溶解度和颗粒大小有关，小颗粒的溶解度大于大颗粒的溶解度。因此，在进行沉淀时，总是希望得到较大的沉淀颗粒，这样不仅沉淀的溶解度小，而且也便于过滤和洗涤。所以，在实际分析中，要尽量创造条件以利于形成大颗粒晶体。

知识点 4　影响沉淀纯度的因素

在重量分析中，要求获得的沉淀是纯净的。但是，沉淀从溶液中析出时，总会或多或少地夹杂溶液中的其他组分。影响沉淀纯度的主要因素有共沉淀现象和后沉淀现象。

视频扫一扫

影响沉淀纯度的因素

一、共沉淀

在一定操作条件下，某些物质本身并不能单独析出沉淀。当溶液中一种物质沉淀时，它便随同生成的沉淀一起析出，这种现象叫共沉淀。共沉淀可由表面吸附、吸留和包藏及生成混晶引起。

1. 表面吸附

由于沉淀表面离子电荷的作用力未达到平衡，因而产生自由静电力场。由于沉淀表面静电引力作用吸引了溶液中带相反电荷的离子，使沉淀微粒带有电荷，形成吸附层。带电荷的微粒又吸引溶液中带相反电荷的离子，构成电中性的分子。因此，沉淀表面吸附了杂质分子。例如：加过量的 H_2SO_4 到 $BaCl_2$ 的溶液中，生成 $BaSO_4$ 晶体沉淀。如图6-3所示。双电层能随颗粒一起下沉，使沉淀被污染。

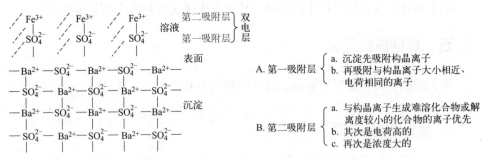

图6-3　$BaSO_4$ 晶体表面吸附示意图

沉淀的总表面积越大，吸附杂质就越多；溶液中杂质离子的浓度越高，价态越高，越易被吸附。由于吸附作用是一个放热反应，所以升高溶液的温度，可减少杂质的吸附。

表面吸附发生在沉淀的表面，减少吸附杂质的有效办法是洗涤沉淀。

2. 吸留和包藏

吸留是被吸附的杂质机械地嵌入沉淀中。包藏常指母液机械地包藏在沉淀中。在沉淀过程中，如果沉淀生长太快，表面吸附的杂质还来不及离开沉淀表面就被随后沉积上来的离子所覆盖，使杂质或母液被包藏在沉淀内部。这种因为吸附而留在沉淀内部的共沉淀现象称作包藏。包藏的本质是吸附，包藏对杂质的选择遵循吸附规则。

减少包藏引起的共沉淀的有效方法是沉淀陈化或重结晶。

3. 生成混晶

如果溶液中杂质离子与沉淀构晶离子的半径相近，所形成的晶体结构相似，常常会生成混晶共沉淀，即沉淀结晶点位上的离子被杂质离子取代。一般情况二者常不予区分而统称为混晶。例如 $BaSO_4$-$PbSO_4$、$AgCl$-$AgBr$ 等。

减少或消除混晶生成的最好办法，是将这些杂质事先分离除去。

二、后沉淀

后沉淀是指一种本来难以析出沉淀的物质，或是形成稳定的过饱和溶液而不能单独沉淀的物质，在另一种组分沉淀之后被"诱导"而随后也沉淀下来的现象，而且后沉淀的量随放置的时间延长而增多。

避免或减少后沉淀的主要办法是缩短沉淀和母液共存的时间。

三、提高沉淀纯度的措施

1. 选择适当的分析步骤

例如,测定试样中某少量组分的含量时,不要首先沉淀主要组分,否则由于大量沉淀的析出,使部分少量杂质混入沉淀中,引起测量误差。

2. 选择合适的沉淀剂

无机沉淀剂选择性差,易形成胶状沉淀,吸附杂质多,难于过滤和洗涤。有机沉淀剂选择性高,常能形成结构较好的晶形沉淀,吸附杂质少,易于过滤和洗涤。选用有机沉淀剂,常可以减少共沉淀。

3. 选择适当的洗涤液洗涤沉淀

吸附作用是可逆过程,用适当的洗涤液通过洗涤交换的方法,可洗去沉淀表面吸附的杂质离子。为了提高洗涤沉淀的效率,同体积的洗涤液应尽可能分多次洗涤,通常称为"少量多次"的洗涤原则。

4. 改变杂质的存在形式

例如,沉淀 $BaSO_4$ 时,将 Fe^{3+} 还原为 Fe^{2+},或者用 EDTA 配合 Fe^{3+},Fe^{3+} 的共沉淀量就大为减少。

5. 改善沉淀条件

沉淀条件包括溶液浓度、温度、试剂的加入次序和速度、陈化与否等。

学习要点

1. 沉淀重量法对沉淀形和称量形的要求

对沉淀形的要求	对称量形的要求
①沉淀要完全,沉淀的溶解度要小; ②沉淀必须纯净,并易于过滤和洗涤; ③沉淀形应易于转化为称量形	①称量形的组成必须与化学式相符; ②称量形要有足够的稳定性; ③称量形的摩尔质量尽可能大

2. 重量分析中的计算

$$\omega_B = \frac{m_B}{m_s} \times 100\% \quad m_B = Fm_{称} \left(F = \frac{M_B}{M_{称}} \right) \quad \omega_B = \frac{m_{称}F}{m_s} \times 100\%$$

求换算因数 F:一定要注意使分子和分母所含被测组分的原子或分子数目相等。

3. 沉淀条件的选择

沉淀形成过程包括晶核形成和晶核长大。晶核形成分为均相成核和异相成核。

晶形沉淀沉淀条件：稀、热、慢、搅、陈；

无定形沉淀沉淀条件：浓、热、快、稀、电、再。

4. 影响沉淀溶解度的因素

同离子效应、盐效应、酸效应、配位效应等。

5. 影响沉淀纯度的主要因素及提高纯度的措施

① 主要因素有共沉淀、后沉淀。共沉淀可由表面吸附、吸留和包藏及生成混晶引起。

② 提高沉淀纯度的措施：选择适当的分析步骤；选择合适的沉淀剂；选择适当的洗涤液洗涤沉淀；改变杂质的存在形式；改善沉淀条件。

 巩固提升

一、选择题

1. 往 AgCl 沉淀中加入浓氨水，沉淀消失，这是因为（　　）。
A. 盐效应　　　　B. 同离子效应　　C. 酸效应　　　D. 配位效应
2. 以 SO_4^{2-} 沉淀 Ba^{2+} 时，加入适量过量的 SO_4^{2-} 可以使 Ba^{2+} 离子沉淀更完全，这是利用（　　）。
A. 同离子效应　　B. 酸效应　　　　C. 配位效应　　D. 异离子效应
3. 有关影响沉淀完全的因素，叙述错误的（　　）。
A. 利用同离子效应，可使被测组分沉淀更完全
B. 异离子效应的存在，可使被测组分沉淀完全
C. 配合效应的存在，将使被测离子沉淀不完全
D. 温度升高，会增加沉淀的溶解损失
4. 下列叙述中，适于沉淀 $BaSO_4$ 的是（　　）。
A. 在较浓的溶液中进行沉淀
B. 在热溶液中及电解质存在的条件下沉淀
C. 进行陈化
D. 趁热过滤、洗涤、不必陈化
5. 沉淀重量法中，称量形的摩尔质量越大，将使（　　）。
A. 沉淀易于过滤洗涤　　　　　　　B. 沉淀纯净
C. 沉淀的溶解度减小　　　　　　　D. 测定结果准确度高
6. 下列各条件中违反了非晶形沉淀的沉淀条件的是（　　）。
A. 沉淀反应易在较浓溶液中进行　　B. 应在不断搅拌下迅速加沉淀剂
C. 沉淀反应宜在热溶液中进行　　　D. 沉淀宜放置过夜，使沉淀陈化
7. 过滤 $BaSO_4$ 沉淀应选用（　　）。
A. 快速滤纸　　　　　　　　　　　B. 中速滤纸

C. 慢速滤纸　　　　　　　　　　　D. 4# 玻璃砂芯坩埚
8. 如果吸附的杂质和沉淀具有相同的晶格，这就形成（　　）。
A. 后沉淀　　　　B. 机械吸留　　　　C. 包藏　　　　D. 混晶
9. 在沉淀重量分析中，下列叙述不正确的是（　　）。
A. 当定向速度＞聚集速度时，易形成晶形沉淀
B. 当定向速度＞聚集速度时，易形成非晶形沉淀
C. 定向速度是由沉淀物质的性质所决定
D. 聚集速度是由沉淀的条件所决定
10. 在沉淀重量分析中，影响弱酸盐沉淀溶解度的主要因素为（　　）。
A. 水解效应　　　　B. 酸效应　　　　C. 盐效应　　　　D. 同离子效应

二、判断题

（　）1. 无定形沉淀要在较浓的热溶液中进行沉淀，加入沉淀剂速度可适当快些。
（　）2. 沉淀重量法测定中，要求沉淀形和称量形相同。
（　）3. 共沉淀引入的杂质量，随陈化时间的增大而增多。
（　）4. 由于混晶而带入沉淀中的杂质通过洗涤是不能除掉的。
（　）5. 重量分析中当沉淀从溶液中析出时，其他某些组分被被测组分的沉淀带下来而混入沉淀之中，这种现象称后沉淀现象。
（　）6. 重量分析中对形成胶体的溶液进行沉淀时，可放置一段时间，以促使胶体微粒的胶凝，然后再过滤。
（　）7. 在 $BaSO_4$ 饱和溶液中加入少量 Na_2SO_4 将会使得 $BaSO_4$ 溶解度增大。
（　）8. 为保证被测组分沉淀完全，沉淀剂应越多越好。
（　）9. 根据同离子效应，可加入大量沉淀剂以降低沉淀在水中的溶解度。

三、填空题

1. 陈化过程是_____，它的作用是①_____；②_____。
2. 沉淀形成过程包括_____、_____两过程。
3. 无定形沉淀的主要沉淀条件是_____、_____、_____、_____。
4. 获得晶形沉淀控制的主要沉淀条件是_____、_____、_____、_____。
5. 影响沉淀溶解度的主要因素有_____、_____、_____、_____。
6. 影响沉淀纯度的主要因素有_____、_____。

四、计算题

1. 计算换算因数

被测组分	称量形	换算因数	被测组分	称量形	换算因数
P	$(NH_4)_3PO_4 \cdot 12MoO_5$		Fe	Fe_2O_3	
P_2O_5	$(NH_4)_3PO_4 \cdot 12MoO_5$		Fe_3O_4	Fe_2O_3	
$MgSO_4 \cdot 7H_2O$	$Mg_2P_2O_7$		MgO	$Mg_2P_2O_7$	
Cr_2O_3	$PbCrO_4$		S	$BaSO_4$	

2. 合金钢 0.4289g，将镍离子沉淀为丁二酮肟镍 ($NiC_8H_{14}O_4N_4$)，烘干后的质量为 0.2671g。计算合金钢中镍的质量分数。$M(NiC_8H_{14}O_4N_4)$=288.92g/mol；$M(Ni)$=58.69g/mol。

附录

附录一
化合物摩尔质量表

AgBr	187.772	$BaSO_4$	233.391	C_6H_5COOH	122.12
AgCl	143.321	$BiCl_3$	315.338	$K_2Cr_2O_7$	294.185
AgCN	133.886	BiOCl	260.432	C_6H_5COONa	144.11
AgSCN	165.952	CO_2	44.010	$C_6H_4COOHCOOK$	204.22
Ag_2CrO_4	331.730	CaO	56.077	CH_3COONH_4	77.08
AgI	234.772	$CaCO_3$	100.087	CH_3COONa	82.03
$AgNO_3$	169.873	CaC_2O_4	128.098	C_6H_5OH	94.11
$AlCl_3$	133.340	$CaCl_2$	110.983	$(C_9H_7N)_3H_3PO_4 \cdot 12MoO_3$（磷钼酸哇啉）	2212.74
Al_2O_3	101.961	CaF_2	78.075		
$Al(OH)_3$	78.004	$Ca(NO_3)_2$	164.087	$COOHCH_2COOH$	104.06
$Al_2(SO_4)_3$	342.154	$Ca(OH)_2$	74.093	$COOHCH_2COONa$	126.04
As_2O_3	197.841	$Ca_3(PO_4)_2$	310.177	CCl_4	153.82
As_2O_5	229.840	$CaSO_4$	136.142	$CoCl_2$	129.838
As_2S_3	246.041	$CdCO_3$	172.420	$Co(NO_3)_2$	182.942
$BaCO_3$	197.336	$CdCl_2$	183.316	CoS	91.00
BaC_2O_4	225.347	CdS	144.477	$CoSO_4$	154.997
$BaCl_2$	208.232	$Ce(SO_4)_2$	332.24	$CO(NH_2)_2$	60.06
$BaCrO_4$	253.321	CH_3COOH	60.05	$CrCl_3$	158.354
BaO	153.326	CH_3OH	32.04	$Cr(NO_3)_3$	238.011
$Ba(OH)_2$	171.342	CH_3COCH_3	58.08	Cr_2O_3	151.990

CuCl	98.999	HCl	36.461	KSCN	97.182
$CuCl_2$	134.451	$HClO_4$	100.459	K_2CO_3	138.206
CuSCN	121.630	HF	20.006	K_2CrO_4	194.191
CuI	190.450	HI	127.912	$PbCO_3$	267.2
$Cu(NO_3)_2$	187.555	HIO_3	175.910	$K_3Fe(CN)_6$	329.246
CuO	79.545	HNO_3	63.013	$K_4Fe(CN)_6$	368.347
Cu_2O	143.091	HNO_2	47.014	$KHC_2O_4 \cdot H_2O$	146.141
CuS	95.612	H_2O	18.015	$KHC_2O_4 \cdot H_2C_2O_4 \cdot 2H_2O$	254.20
$CuSO_4$	159.610	H_2O_2	34.015	$KHC_4H_4O_6$	188.178
$FeCl_2$	126.750	H_3PO_4	97.995	$KHSO_4$	136.170
$FeCl_3$	162.203	H_2S	34.082	KI	166.003
$Fe(NO_3)_3$	241.862	H_2SO_3	82.080	KIO_3	214.001
FeO	71.844	H_2SO_4	98.080	$KIO_3 \cdot HIO_3$	389.91
Fe_2O_3	159.688	$Hg(CN)_2$	252.63	$KMnO_4$	158.034
Fe_3O_4	231.533	$HgCl_2$	271.50	$KNaC_4H_4O_6 \cdot 4H_2O$	282.221
$Fe(OH)_3$	106.867	Hg_2Cl_2	472.09	KNO_3	101.103
FeS	87.911	HgI_2	454.40	KNO_2	85.104
Fe_2S_3	207.87	$Hg_2(NO_3)_2$	525.19	K_2O	94.196
$FeSO_4$	151.909	$Hg(NO_3)_2$	324.60	KOH	56.105
$Fe_2(SO_4)_3$	399.881	HgO	216.59	K_2SO_4	174.261
H_3AsO_3	125.944	HgS	232.66	$MgCO_3$	84.314
H_3AsO_4	141.944	$HgSO_4$	296.65	$MgCl_2$	95.210
H_3BO_3	61.833	Hg_2SO_4	497.24	$MgC_2O_4 \cdot 2H_2O$	148.355
$(NH_4)_2HCO_3$	79.056	$KAl(SO_4)_2 \cdot 12H_2O$	474.391	$Mg(NO_3)_2 \cdot 6H_2O$	256.406
HBr	80.912	$KB(C_6H_5)_4$	358.332	$MgNH_4PO_4$	137.82
HCN	27.026	KBr	119.002	MgO	40.304
HCOOH	46.03	$KBrO_3$	167.000	$Mg(OH)_2$	58.320
H_2CO_3	62.0251	KCl	74.551	$Mg_2P_2O_7 \cdot 3H_2O$	276.600
$H_2C_2O_4$	90.04	$KClO_3$	122.549	$MgSO_4 \cdot 7H_2O$	246.475
$H_2C_2O_4 \cdot 2H_2O$	126.0665	$KClO_4$	138.549	$MnCO_3$	114.947
$H_2C_4H_4O_6$(酒石酸)	150.09	KCN	65.116	$MnCl_2 \cdot 4H_2O$	197.905

续表

$Mn(NO_3)_2 \cdot 6H_2O$	287.040	NaClO	74.442	PbI_2	461.0		
MnO	70.937	NaI	149.894	$Pb(NO_3)_2$	331.2		
MnO_2	86.937	NaF	41.988	PbO	223.2		
MnS	87.004	$NaHCO_3$	84.007	PbO_2	239.2		
$MnSO_4$	151.002	Na_2HPO_4	141.959	Pb_3O_4	685.6		
NO	30.006	NaH_2PO_4	119.997	$Pb_3(PO_4)_2$	811.5		
NO_2	46.006	$Na_2H_2Y \cdot 2H_2O$	372.240	PbS	239.3		
NH_3	17.031	$NaNO_2$	68.996	$PbSO_4$	303.3		
$NH_3 \cdot H_2O$	35.046	$NaNO_3$	84.995	SO_3	80.064		
NH_4Cl	53.492	Na_2O	61.979	SO_2	64.065		
$(NH_4)_2CO_3$	96.086	Na_2O_2	77.979	$SbCl_3$	228.118		
$(NH_4)C_2O_4$	124.10	NaOH	39.997	$SbCl_5$	299.024		
$NH_4Fe(SO_4)_2 \cdot 12H_2O$	482.194	Na_3PO_4	163.94	Sb_2O_3	291.518		
$(NH_4)_3PO_4 \cdot 12MoO_3$	1876.35	Na_2S	78.046	Sb_2S_3	339.718		
NH_4SCN	76.122	Na_2SiF_6	188.056	SiO_2	60.085		
$(NH_4)_2MoO_4$	196.04	Na_2SO_3	126.044	$SnCO_3$	178.82		
NH_4NO_3	80.043	$Na_2S_2O_3$	158.11	$SnCl_2$	189.615		
$(NH_4)_2HPO_4$	132.055	Na_2SO_4	142.044	$SnCl_4$	260.521		
$(NH_4)_2S$	68.143	$NiC_8H_{14}O_4N_4$（丁二酮肟合镍）	288.92	SnO_2	150.709		
$(NH_4)_2SO_4$	132.141			SnS	150.776		
Na_3AsO_3	191.89	$NiCl_2 \cdot 6H_2O$	237.689	$SrCO_3$	147.63		
$Na_2B_4O_7$	201.220	NiO	74.692	$SrCr_2O_4$	175.64		
$Na_2B_4O_7 \cdot 10H_2O$	381.373	$Ni(NO_3)_2 \cdot 6H_2O$	290.794	$SrCrO_4$	203.61		
$NaBiO_3$	279.968	NiS	90.759	$Sr(NO_3)_2$	211.63		
NaBr	102.894	$NiSO_4 \cdot 7H_2O$	280.863	$SrSO_4$	183.68		
NaCN	49.008	P_2O_5	141.945	TiO_2	79.866		
NaSCN	81.074	PbC_2O_4	295.2	$UO_2(CH_3COO)_2 \cdot 2H_2O$	422.13		
Na_2CO_3	106.0	$PbCl_2$	278.1	WO_3	231.84		
$Na_2CO_3 \cdot 10H_2O$	286.142	$PbCrO_4$	323.2	$ZnCO_3$	125.40		
$Na_2C_2O_4$	134.000	$Pb(CH_3COO)_2$	325.3	$ZnC_2O_4 \cdot 2H_2O$	189.44		
NaCl	58.443	$Pb(CH_3COO)_2 \cdot 3H_2O$	427.3	$ZnCl_2$	136.29		

续表

| Zn(CH₃COO)₂ | 183.48 | Zn₂P₂O₇ | 304.72 | ZnS | 97.46 |
| Zn(NO₃)₂ | 189.40 | ZnO | 81.39 | ZnSO₄ | 161.45 |

附录二
一些难溶化合物的溶度积（25℃）

分子式	K_{sp}	pK_{sp}	分子式	K_{sp}	pK_{sp}
AgBr	$5.0×10^{-13}$	12.3	$Cr(OH)_2$	$2.0×10^{-16}$	15.7
AgCN	$1.2×10^{-16}$	15.92	$Cr(OH)_3$	$6.3×10^{-31}$	30.2
AgCl	$1.8×10^{-10}$	9.75	$CuCO_3$	$1.4×10^{-10}$	9.85
Ag_2CO_3	$8.5×10^{-12}$	11.07	CuI	$1.1×10^{-12}$	11.96
Ag_2CrO_4	$1.1×10^{-12}$	11.96	$Cu(OH)_2$	$2.2×10^{-20}$	19.66
AgI	$8.5×10^{-17}$	16.07	CuS	$6×10^{-37}$	36.22
AgSCN	$1.0×10^{-12}$	12.0	$FeCO_3$	$3.2×10^{-11}$	10.49
Ag_2SO_4	$1.4×10^{-5}$	4.85	$Fe(OH)_2$	$4.87×10^{-17}$	16.31
$Al(OH)_3$	$1.3×10^{-33}$	32.89	$Fe(OH)_3$	$2.64×10^{-39}$	38.58
$BaCO_3$	$5.1×10^{-9}$	8.29	$Mg(OH)_2$	$1.8×10^{-11}$	10.74
$BaCrO_4$	$1.2×10^{-10}$	9.92	$Mn(OH)_2$	$1.9×10^{-13}$	12.72
$Ba(OH)_2$	$5.0×10^{-3}$	2.3	$Ni(OH)_2$（新）	$2.0×10^{-15}$	14.7
$BaSO_3$	$8.0×10^{-7}$	6.1	$PbBr_2$	$4.0×10^{-5}$	4.4
$BaSO_4$	$1.1×10^{-10}$	9.96	$PbCl_2$	$1.6×10^{-5}$	4.8
$CaCO_3$	$2.8×10^{-9}$	8.55	$PbCO_3$	$7.4×10^{-14}$	13.13
CaC_2O_4	$4.0×10^{-9}$	8.4	$PbCrO_4$	$2.8×10^{-13}$	12.55
$CaCrO_4$	$7.1×10^{-4}$	3.15	PbI_2	$7.1×10^{-9}$	8.15
CaF_2	$5.3×10^{-9}$	8.28	$Pb(OH)_2$	$1.42×10^{-20}$	19.85
$Ca(OH)_2$	$5.5×10^{-6}$	5.26	PbS	$3×10^{-28}$	27.52
$CaSO_4$	$7.10×10^{-5}$	4.15	$PbSO_4$	$1.6×10^{-8}$	7.8
$CoCO_3$	$1.4×10^{-13}$	12.85	$Zn(OH)_2$	$1.2×10^{-17}$	16.92
$Co(OH)_3$	$1.6×10^{-44}$	43.8	ZnS	$2.0×10^{-25}$	24.7

附录三
标准电极电位（25℃）

半反应	$\varphi^\ominus$/V	半反应	$\varphi^\ominus$/V
$F_2(气)+2H^++2e \Longrightarrow 2HF$	3.06	$Mo(VI)+e \Longrightarrow Mo(V)$	0.53
$O_3+2H^++2e \Longrightarrow O_2+2H_2O$	2.07	$Cu^++e \Longrightarrow Cu$	0.52
$BrO_3^-+6H^++5e \Longrightarrow 1/2\ Br_2+3H_2O$	1.52	$Cu^{2+}+e \Longrightarrow Cu^+$	0.519
$MnO_4^-+8H^++5e \Longrightarrow Mn^{2+}+4H_2O$	1.51	$Sn^{4+}+2e \Longrightarrow Sn^{2+}$	0.154
$PbO_2(固)+4H^++2e \Longrightarrow Pb^{2+}+2H_2O$	1.455	$2H^++2e \Longrightarrow H_2$	0.000
$Cr_2O_7^{2-}+14H^++6e \Longrightarrow 2Cr^{3+}+7H_2O$	1.33	$Ni^{2+}+2e \Longrightarrow Ni$	−0.246
$Br_2(液)+2e \Longrightarrow 2Br^-$	1.087	$As+3H^++3e \Longrightarrow AsH_3$	−0.38
$VO_2^++2H^++e \Longrightarrow VO^{2+}+H_2O$	1.00	$Fe^{2+}+2e \Longrightarrow Fe$	−0.440
$H_2O_2+2e \Longrightarrow 2OH^-$	0.88	$S+2e \Longrightarrow S^{2-}$	−0.48
$Fe^{3+}+e \Longrightarrow Fe^{2+}$	0.771	$Zn^{2+}+2e \Longrightarrow Zn$	−0.763
$O_2(气)+2H^++2e \Longrightarrow H_2O_2$	0.682	$2H_2O+2e \Longrightarrow H_2+2OH^-$	−8.28
$MnO_4^-+2H_2O+3e \Longrightarrow MnO_2+4OH^-$	0.588	$Mn^{2+}+2e \Longrightarrow Mn$	−1.182
$MnO_4^-+e \Longrightarrow MnO_4^{2-}$	0.564	$Al^{3+}+3e \Longrightarrow Al$	−1.66
$I_3^-+2e \Longrightarrow 3I^-$	0.545	$Na^++e \Longrightarrow Na$	−2.71

附录四
不同温度下标准滴定溶液的体积补正值

[1000mL 溶液由 t℃换算为 20℃时的补正值 /(mL/L)]

温度/℃	水和0.05mol/L以下的各种水溶液	0.1mol/L和0.2mol/L各种水溶液	盐酸溶液 [c(HCl)=0.5mol/L]	盐酸溶液 [c(HCl)=1mol/L]	硫酸溶液 [$c(\frac{1}{2}H_2SO_4)$=0.5mol/L] 氢氧化钠溶液 [c(NaOH)=0.5mol/L]	硫酸溶液 [$c(\frac{1}{2}H_2SO_4)$=1mol/L] 氢氧化钠溶液 [c(NaOH)=1mol/L]	碳酸钠溶液 [$c(\frac{1}{2}Na_2CO_3)$=1mol/L]	氢氧化钾-乙醇溶液 [c(KOH)=0.1mol/L]
10	+1.23	+1.5	+1.6	+1.9	+2.0	+2.5	+2.4	+10.8
11	+1.17	+1.4	+1.5	+1.8	+1.8	+2.3	+2.2	+9.6

续表

温度/℃	水和0.05mol/L以下的各种水溶液	0.1mol/L和0.2mol/L各种水溶液	盐酸溶液 [c(HCl)=0.5mol/L]	盐酸溶液 [c(HCl)=1mol/L]	硫酸溶液 [$c(\frac{1}{2}H_2SO_4)$=0.5mol/L] 氢氧化钠溶液 [c(NaOH)=0.5mol/L]	硫酸溶液 [$c(\frac{1}{2}H_2SO_4)$=1mol/L] 氢氧化钠溶液 [c(NaOH)=1mol/L]	碳酸钠溶液 [$c(\frac{1}{2}Na_2CO_3)$=1mol/L]	氢氧化钾-乙醇溶液 [c(KOH)=0.1mol/L]
12	+1.10	+1.3	+1.4	+1.6	+1.7	+2.0	+2.0	+8.5
13	+0.99	+1.1	+1.2	+1.4	+1.5	+1.8	+1.8	+7.4
14	+0.88	+1.0	+1.1	+1.2	+1.3	+1.6	+1.5	+6.5
15	+0.77	+0.9	+0.9	+1.0	+1.1	+1.3	+1.3	+5.2
16	+0.64	+0.7	+0.8	+0.8	+0.9	+1.1	+1.1	+4.2
17	+0.50	+0.6	+0.6	+0.6	+0.7	+0.8	+0.8	+3.1
18	+0.34	+0.4	+0.4	+0.4	+0.5	+0.6	+0.6	+2.1
19	+0.18	+0.2	+0.2	+0.2	+0.2	+0.3	+0.3	+1.0
20	0.00	0.00	0.00	0.0	0.0	0.0	0.0	0.0
21	−0.18	−0.2	−0.2	−0.2	−0.2	−0.3	−0.3	−1.1
22	−0.38	−0.4	−0.4	−0.5	−0.5	−0.6	−0.6	−2.2
23	−0.58	−0.6	−0.7	−0.7	−0.8	−0.9	−0.9	−3.3
24	−0.80	−0.9	−0.9	−1.0	−1.0	−1.2	−1.2	−4.2
25	−1.03	−1.1	−1.1	−1.2	−1.3	−1.5	−1.5	−5.3
26	−1.26	−1.4	−1.4	−1.4	−1.5	−1.8	−1.8	−6.4
27	−1.51	−1.7	−1.7	−1.7	−1.8	−2.1	−2.1	−7.5
28	−1.76	−2.0	−2.0	−2.0	−2.1	−2.4	−2.4	−8.5
29	−2.01	−2.3	−2.3	−2.3	−2.4	−2.8	−2.8	−9.6
30	−2.30	−2.5	−2.5	−2.6	−2.8	−3.2	−3.1	−10.6
31	−2.58	−2.7	−2.7	−2.9	−3.1	−3.5		−11.6
32	−2.86	−3.0	−3.0	−3.2	−3.4	−3.9		−12.6
33	−3.04	−3.2	−3.3	−3.5	−3.7	−4.2		−13.7
34	−3.47	−3.7	−3.6	−3.8	−4.1	−4.6		−14.8
35	−3.78	−4.0	−4.0	−4.1	−4.4	−5.0		−16.0

附录五

酸在水溶液中的解离常数（25℃）

名称	化学式	K_a	pK_a
亚砷酸	H_3AsO_3	6.0×10^{-10}	9.22
砷酸	H_3AsO_4	6.3×10^{-3}（K_1）	2.20
		1.05×10^{-7}（K_2）	6.98
		3.2×10^{-12}（K_3）	11.50
硼酸	H_3BO_3	5.8×10^{-10}（K_1）	9.24

续表

名称	化学式	K_a	pK_a
硼酸	H_3BO_3	1.8×10^{-13} (K_2)	12.74
		1.6×10^{-14} (K_3)	13.80
氢氰酸	HCN	6.2×10^{-10}	9.21
碳酸	H_2CO_3	4.2×10^{-7} (K_1)	6.38
		5.6×10^{-11} (K_2)	10.25
次氯酸	HClO	3.2×10^{-8}	7.50
氢氟酸	HF	6.61×10^{-4}	3.18
高碘酸	HIO_4	2.8×10^{-2}	1.56
亚硝酸	HNO_2	5.1×10^{-4}	3.29
磷酸	H_3PO_4	7.52×10^{-3} (K_1)	2.12
		6.31×10^{-8} (K_2)	7.20
		4.4×10^{-13} (K_3)	12.36
硫化氢	H_2S	1.3×10^{-7} (K_1)	6.88
		7.1×10^{-15} (K_2)	14.15
亚硫酸	H_2SO_3	1.23×10^{-2} (K_1)	1.91
		6.6×10^{-8} (K_2)	7.18
硫酸	H_2SO_4	1.0×10^{3} (K_1)	−3.0
		1.02×10^{-2} (K_2)	1.99
甲酸	HCOOH	1.8×10^{-4}	3.74
乙酸	CH_3COOH	1.74×10^{-5}	4.76
草酸	$(COOH)_2$	5.4×10^{-2} (K_1)	1.27
		5.4×10^{-5} (K_2)	4.27
甘氨酸	$CH_2(NH_2)COOH$	1.7×10^{-10}	9.77
丙酸	CH_3CH_2COOH	1.35×10^{-5}	4.87
丙烯酸	$CH_2=CHCOOH$	5.5×10^{-5}	4.26
乳酸	$CH_3CHOHCOOH$	1.4×10^{-4}	3.85
酒石酸	CH(OH)COOH | CH(OH)COOH	1.04×10^{-3} (K_1)	2.98
		4.55×10^{-5} (K_2)	4.34
正己酸	$CH_3(CH_2)_4COOH$	1.39×10^{-5}	4.86
苯酚	C_6H_5OH	1.1×10^{-10}	9.96

续表

名称	化学式	K_a	pK_a
苯甲酸	C_6H_5COOH	6.3×10^{-5}	4.20
水杨酸	$C_6H_4(OH)COOH$	1.05×10^{-3} (K_1)	2.98
		4.17×10^{-13} (K_2)	12.38

附录六
碱在水溶液中的解离常数（25℃）

名称	化学式	K_b	pK_b
氨水	$NH_3 \cdot H_2O$	1.78×10^{-5}	4.75
肼（联氨）	N_2H_4	9.55×10^{-7} (K_1)	6.02
		1.26×10^{-15} (K_2)	14.9
羟氨	NH_2OH	9.12×10^{-9}	8.04
氢氧化铅	$Pb(OH)_2$	9.55×10^{-4} (K_1)	3.02
		3.0×10^{-8} (K_2)	7.52
氢氧化锌	$Zn(OH)_2$	9.55×10^{-4}	3.02
甲胺	CH_3NH_2	4.17×10^{-4}	3.38
尿素（脲）	$CO(NH_2)_2$	1.5×10^{-14}	13.82
乙胺	$CH_3CH_2NH_2$	4.27×10^{-4}	3.37
乙醇胺	$H_2N(CH_2)_2OH$	3.16×10^{-5}	4.50
乙二胺	$H_2N(CH_2)_2NH_2$	8.51×10^{-5} (K_1)	4.07
		7.08×10^{-8} (K_2)	7.15
二甲胺	$(CH_3)_2NH$	5.89×10^{-4}	3.23
三乙醇胺	$(HOCH_2CH_2)_3N$	5.75×10^{-7}	6.24
吡啶	C_5H_5N	1.48×10^{-9}	8.83
六亚甲基四胺	$(CH_2)_6N_4$	1.35×10^{-9}	8.87
8-羟基喹啉（20℃）	C_9H_7NO	6.5×10^{-5}	4.19
联苯胺	$H_2NC_6H_4C_6H_4NH_2$	5.01×10^{-10} (K_1)	9.30
		4.27×10^{-11} (K_2)	10.37

附录七
常用试剂和指示剂

一、常用酸碱溶液的密度和浓度

溶液名称	密度 ρ/(g·cm^{-3})	质量分数/%	摩尔浓度/(mol·L^{-1})
浓硫酸	1.84	95~98	18
浓盐酸	1.19	38	12
浓硝酸	1.40	65	14
浓氢氟酸	1.13	40	23
冰醋酸	1.05	99~100	17.5
浓氨水	0.88	35	18
浓氨水	0.89	25~28	13.5

二、常用缓冲溶液的配制

缓冲溶液组成	pH	配制方法
HAc–NaAc	4.7	NaAc 83g,溶于适量水中,加冰醋酸 60mL,稀释至 1L
HAc–NaAc	5.0	NaAc 160g,溶于适量水中,加冰醋酸 60mL,稀释至 1L
HAc–NH$_4$Ac	5.0	NH$_4$Ac 250g,溶于 200mL 水中,加冰醋酸 25mL,稀释至 1L
HAc–NH$_4$Ac	6.0	NH$_4$Ac 600g,溶于 200mL 水中,加冰醋酸 20mL,稀释至 1L
NaAc–H$_3$PO$_4$ 盐	8.0	NaAc 50g,Na$_2$HPO$_4$·12H$_2$O 50g 溶于适量水中,稀释至 1L
NH$_3$–NH$_4$Cl	9.2	NH$_4$Cl 54g,溶于适量水中,加浓氨水 63mL,稀释至 1L
NH$_3$–NH$_4$Cl	9.5	NH$_4$Cl 54g,溶于适量水中,加浓氨水 126mL,稀释至 1L
NH$_3$–NH$_4$Cl	10.0	NH$_4$Cl 54g,溶于适量水中,加浓氨水 350mL,稀释至 1L

三、常用指示剂及配制

1. 酸碱单一指示剂

指示剂	pH 变色范围	颜色变化	pK_{HIn}	质量浓度/(g/L)
百里酚蓝(第一次变色)	1.2~2.8	红–黄	1.7	1g/L 的 20% 乙醇溶液
甲基橙	3.1~4.4	红–黄	3.4	0.5g/L 的水溶液
溴甲酚绿	4.0~5.6	黄–蓝	4.9	1g/L 的 20% 乙醇溶液或其钠盐水溶液
甲基红	4.4~6.2	红–黄	5.0	1g/L 的 60% 乙醇溶液或其钠盐水溶液
溴百里酚蓝	6.2~7.6	黄–蓝	7.3	1g/L 的 20% 乙醇溶液或其钠盐水溶液
中性红	6.8~8.0	红–黄橙	7.4	1g/L 的 60% 乙醇溶液

续表

指示剂	pH 变色范围	颜色变化	pK_{HIn}	质量浓度 /（g/L）
苯酚红	6.8 ~ 8.4	黄 – 红	8.0	1g/L 的 60% 乙醇溶液或其钠盐水溶液
酚酞	8.0 ~ 10.0	无色 – 红	9.1	10g/L 的乙醇溶液
百里酚蓝（第二次变色）	8.0 ~ 9.6	黄 – 蓝	8.9	1g/L 的 20% 乙醇溶液
百里酚酞	9.4 ~ 10.6	无色 – 蓝	10.0	1g/L 的 90% 乙醇溶液

2. 酸碱混合指示剂

指示剂溶液的组成	变色时 pH 值	颜色		备注
		酸式色	碱式色	
一份 0.1% 甲基黄乙醇溶液 一份 0.1% 次甲基蓝乙醇溶液	3.25	蓝紫	绿	pH=3.2，蓝紫色； pH=3.4，绿色
一份 0.1% 甲基橙水溶液 一份 0.25% 靛蓝二磺酸水溶液	4.1	紫	黄绿	
一份 0.1% 溴甲酚绿钠盐水溶液 一份 0.2% 甲基橙水溶液	4.3	橙	蓝绿	pH=3.5，黄色；pH=4.05， 绿色；pH=4.3，浅绿
三份 0.1% 溴甲酚绿乙醇溶液 一份 0.2% 甲基红乙醇溶液	5.1	酒红	绿	
一份 0.1% 百里酚蓝 50% 乙醇溶液 三份 0.1% 酚酞 50% 乙醇溶液	9.0	黄	紫	从黄到绿，再到紫

3. 常用金属指示剂

指示剂	使用适宜 pH 范围	颜色变化		配制方法	被测离子	注意事项
		In	MIn			
铬黑 T（EBT）	8 ~ 10	蓝	红	0.50gEBT，2.0g 盐酸羟胺，溶于乙醇，再用乙醇稀释至 100mL m(EBT)：m(NaCl)=1：100（固体，质量比）	Mg^{2+}、Zn^{2+}、Pb^{2+}、Cd^{2+}、稀土元素离子	Fe^{3+}、Cu^{2+}、Al^{3+}、Ni^{2+} 等离子封闭 EBT，可用三乙醇胺掩蔽
二甲酚橙（XO）	< 6	亮黄	红	0.2% 的水溶液 大约稳定 2 ~ 3 周	Bi^{3+}、Zn^{2+}、Pb^{2+}、Cd^{2+}、稀土元素离子	Fe^{3+}、Al^{3+}、Ti^{4+}、Ni^{2+} 等离子封闭 XO
钙指示剂（NN）	12 ~ 13	蓝	紫红	m(NN)：m(NaCl)=1：100（固体，质量比）	Ca^{2+}	
PAN	2 ~ 12	黄	红	0.1% 的乙醇溶液	多数金属离子	易发生指示剂僵化现象，加有机溶剂或加热
紫脲酸胺	>10, Ca	红	紫	1g 紫脲酸铵与 200g 干燥 NaCl 混匀、研细	Ca^{2+}、Cu^{2+}、Ni^{2+}、Co^{2+}	
	7 ~ 8, Cu	黄	紫			

续表

指示剂	使用适宜 pH 范围	颜色变化		配制方法	被测离子	注意事项
		In	MIn			
紫脲酸铵	8.5～11.5, Ni	黄	蓝紫	1g 紫脲酸铵与 200g 干燥 NaCl 混匀、研细	Ca^{2+}、Cu^{2+}、Ni^{2+}、Co^{2}	
	8～10, Co	红	紫红			
磺基水杨酸	1.5～3	无色	紫红		Fe^{3+}	1%～2% 水溶液

4. 常用沉淀滴定指示剂

指示剂	被测离子	滴定条件	终点颜色变化	溶液配制方法
铬酸钾	Cl^-、Br^-、Ag^+	中性或弱碱性	黄→砖红	5% 水溶液
铁铵矾	Br^-、SCN^-、I^-	酸性	无→红	8% 水溶液
荧光黄	Cl^-	pH 7～10	黄绿→粉红	0.1% 的乙醇溶液
二氯荧光黄	Cl^-	pH 4～10	黄绿→红	0.1% 水溶液
曙红	Br^-、SCN^-、I^-	pH 2～10	橙黄→红紫	0.5% 水溶液
甲基紫	Ag^+	酸性溶液	黄红→红紫	0.1% 水溶液
罗丹明 6G	Ag^+	酸性溶液	橙→红紫	0.1% 水溶液

5. 常用氧化还原指示剂

指示剂	$\varphi(In)/V$ $[H^+]=1$	颜色变化		配制方法
		还原态	氧化态	
亚甲基蓝	+0.36	无	蓝	0.5g/L 水溶液
次甲基蓝	+0.52	无	紫	0.5g/L 水溶液
二苯胺	+0.76	无	紫	1% 浓硫酸溶液，1g 二苯胺在搅拌下溶于 100mL 浓硫酸中
二苯胺磺酸钠	+0.85	无	紫红	0.5g 指示剂，加水稀释至 100mL
邻苯氨基苯甲酸	+0.89	无	紫红	0.11g 指示剂溶于 20mL 50g/L Na_2CO_3 溶液中，用水稀释至 100mL
邻二氮菲亚铁	+1.06	红	浅蓝	1.485g 邻二氮菲，0.695g $FeSO_4 \cdot 7H_2O$，用水稀释至 100mL
淀粉				10g/L，称取 1.0g 可溶性淀粉放入小烧杯中，加水 10mL，呈糊状，在搅拌下倒入 90mL 沸水中，微沸 2min，冷却后转移至 100mL 试剂瓶中

附录八

金属离子与 EDTA 形成配合物的稳定常数 $\lg K_{MY}$

阳离子	$\lg K_{MY}$	阳离子	$\lg K_{MY}$	阳离子	$\lg K_{MY}$
Na^+	1.66	Ce^{4+}	15.98	Cu^{2+}	18.80
Li^+	2.79	Al^{3+}	16.3	Ga^{2+}	20.3
Ag^+	7.32	Co^{2+}	16.31	Ti^{3+}	21.3
Ba^{2+}	7.86	Pt^{2+}	16.31	Hg^{2+}	21.8
Mg^{2+}	8.69	Cd^{2+}	16.49	Sn^{2+}	22.1
Sr^{2+}	8.73	Zn^{2+}	16.50	Th^{4+}	23.2
Be^{2+}	9.20	Pb^{2+}	18.04	Cr^{3+}	23.4
Ca^{2+}	10.69	Y^{3+}	18.09	Fe^{3+}	25.1
Fe^{2+}	14.33	Ni^{2+}	18.60	Bi^{3+}	27.94
La^{3+}	15.50	VO^{2+}	18.8	Co^{3+}	36.0

附录九

2020 年辽宁省化学实验技术赛项容量分析操作考核报告单

表1：0.05mol/L EDTA 滴定液的标定

项目		编号			
		1	2	3	4
基准物称量	m_1 倾样前 /g				
	m_2 倾样后 /g				
	$m(ZnO)$/g				
移取试液体积 /mL					
滴定管初读数 /mL					
滴定管终读数 /mL					
消耗 EDTA 滴定液的体积 /mL					
体积校正值 /mL					

续表

项目	编号			
	1	2	3	4
溶液温度 /℃				
温度补正值				
溶液温度体积校正值 /mL				
实际消耗 EDTA 体积 /mL				
空白 /mL				
$c(EDTA)/mol \cdot L^{-1}$				
$\bar{c}(EDTA)/mol \cdot L^{-1}$				
相对极差 /%				

表 2：硫酸镍中镍含量的测定

项目		1	2	3	备用
样品称量	m 倾样前 /g				
	m 倾样后 /g				
	m 硫酸镍 /g				
移取镍试液体积 /mL					
滴定管初读数 /mL					
滴定管终读数 /mL					
滴定消耗 EDTA 体积 /mL					
体积校正值 /mL					
溶液温度 /℃					
温度补正值					
溶液温度校正值 /℃					
实际消耗 EDTA 体积 /mL					
$c(EDTA)/$（mol/L）					
$\omega(Ni)/\%$					
$\bar{\omega}(Ni)/\%$					
相对极差 /%					

数据处理计算过程

结果报告

样品名称		样品性状	
平行测定次数			
$\overline{\omega}(Ni)/\%$			
相对极差 /%			

附录十

2021年全国职业院校技能大赛化学实验技术赛项容量分析实践操作考题及评分细则

一、容量分析操作考题：样品金属组分（镍）含量的测定

在碱性条件下，以紫脲酸铵为指示剂，用乙二胺四乙酸二钠标准滴定溶液对样品中的镍进行定量测定。

1. 用锌标准溶液标定乙二胺四乙酸二钠溶液

减量法称取 1.5g 基准试剂氧化锌于 100mL 小烧杯中，并用少量蒸馏水润湿，加入 20mL 盐酸溶液（20%），搅拌，直到氧化锌完全溶解，然后定量转移至 250mL 容量瓶中，用水稀释至刻度，摇匀。

移取 25.00mL 锌标准溶液于 250mL 的锥形瓶中，加 75mL 去离子水，用氨水溶液（10%）将溶液 pH 值调至 7～8，加入 10mL 氨-氯化铵缓冲溶液（pH≈10）及适量铬黑 T 指示剂（5g/L），用待标定的乙二胺四乙酸二钠溶液滴定至溶液由紫色变为纯蓝色。

平行测定 3 次，同时做空白试验。

使用以下公式计算乙二胺四乙酸二钠标准滴定溶液的浓度 c(EDTA)，单位 mol/L。取 3 次测定结果的算术平均值作为最终结果，结果保留 4 位有效数字。

$$c(\text{EDTA}) = \frac{m \times \left(\dfrac{V_1}{V}\right) \times 1000}{(V_2 - V_3) M}$$

式中　m——氧化锌质量，单位为克（g）；
　　　V——氧化锌定容后的体积，单位为毫升（mL）；
　　　V_1——移取的氧化锌溶液体积，单位为毫升（mL）；
　　　V_2——氧化锌消耗的乙二胺四乙酸二钠溶液体积，单位为毫升（mL）；
　　　V_3——空白试验消耗的乙二胺四乙酸二钠溶液体积，单位为毫升（mL）；
　　　M——氧化锌的摩尔质量，单位为克每摩尔（g/mol）[M(ZnO)=81.408g/mol]。

2. 样品分析

准确称取一定质量的镍溶液（20～30g/kg）样品，加入适量蒸馏水，再加入 10mL 氨-氯化铵缓冲溶液(pH≈10) 及 0.2g 紫脲酸铵指示剂，然后用乙二胺四乙酸二钠标准滴定溶液滴定，滴定至溶液呈蓝紫色。平行测定 3 次。

3. 结果处理、分析和报告

（1）镍含量计算　按下式计算出溶液样品中镍的含量，计为浓度 ρ，数值以 g/kg 表示。取 3 次测定结果的算术平均值作为最终结果，结果保留 4 位有效数字。

$$\rho = \frac{cVM}{S \times 1000} \times 1000$$

式中 c——乙二胺四乙酸二钠标准滴定溶液浓度的准确数值,单位为摩尔每升(mol/L);

V——样品所消耗的乙二胺四乙酸二钠标准滴定溶液浓度体积,单位为毫升(mL);

S——称取的样品质量,单位为克(g);

M——镍的原子质量,单位为克每摩尔(g/mol),M(Ni)=58.69g/mol。

(2)误差分析 对结果的精密度进行分析,以相对极差 A(%)表示,结果精确至小数点后2位。计算公式如下:

$$A = \frac{(X_1 - X_2)}{\bar{X}} \times 100\%$$

式中 X_1——平行测定的最大值;

X_2——平行测定的最小值;

$\bar{X}$——平行测定的平均值。

(3)撰写报告 请完成一份报告,应包括:实验过程中必须做好的健康、安全、环保措施;实验中的物料计算和过程记录、数据处理、结果评价和问题分析。

二、评分细则

1. 过程性考核评分表

评分内容	评分项	评判类型	评分指标	指标分数描述	配分	得分
A1 实验准备	个人健康安全 仪器设备准备 溶液配制	M	熟悉现场健康、安全和环境保护内容,写出相应措施	若实验操作正式开始前,未在报告纸上撰写相关内容,则扣除所有分数;若内容缺项,每少1项则扣除0.25分	0.50	
		M	全过程个人防护用品穿戴	若未按要求正确穿戴口罩/实验服/护目镜/手套等,扣除所有分数	0.50	
		M	全过程无破碎玻璃器皿	如果不满足要求,则扣除所有分数	0.50	
		M	实验室器具贴标签	对于易混用玻璃器皿,若有一个未贴标签,则扣除所有分数	0.50	
		M	工作场所全过程干净整洁,无试剂溢出和洒落	如果不满足条件,则扣除所有分数(去离子水可些许洒落,需随手擦干)	0.50	
		M	标签识读和试剂选用	如果不能正确识读和选用英文标识,导致药品试剂选择错误,则扣除所有分数	0.50	

续表

评分内容	评分项	评判类型	评分指标	指标分数描述	配分	得分
A1 实验准备	个人健康安全 仪器设备准备 溶液配制	M	盐酸溶液的配制	如果浓盐酸体积计算和量取错或者未用酸入水的稀释方式,则扣除所有分数	0.50	
		M	在专用容器中处理废物	如果未在专用容器中处理废物,则扣除所有分数	0.50	
A2 实验操作	标准溶液标定 样品制备 含量测定 文明操作	M	氧化锌基准试剂称重:规范操作	如果未按规范操作,则扣除所有分数	0.25	
		M	氧化锌基准试剂称重:准确称量	称量范围≤±5%,得满分 ±5%＜称量范围≤±10%,得一半分 称量范围＞±10%,则扣除该项所有分数	1.00	
		M	锌标准溶液:配制	如果未按规范操作,每出现1次错误,则扣除0.25分	1.00	
		M	锌标准溶液:移取	如果未按规范操作,每出现1次错误,则扣除0.25分	0.50	
		M	乙二胺四乙酸二钠溶液标定和空白:滴定操作	如果未按规范操作,每出现1次错误,则扣除0.25分	1.00	
		M	乙二胺四乙酸二钠溶液标定:体积识读	读数差在0.05mL以内为正确,每错一个扣0.25分,扣完为止	0.75	
		M	乙二胺四乙酸二钠溶液标定:滴定终点	如果某次颜色不是纯蓝色,则扣除0.5分,直至扣完为止	1.00	
		M	样品分析:样品溶液称取	如果未按规范操作,或称取质量计算错误(消耗体积超出20~50mL范围),均扣除所有分数	1.00	
		M	样品分析:滴定操作	如果未按规范操作、读数错误,每错1次扣除0.5分	1.00	
		M	样品分析:滴定终点	如果某次颜色不是终点色,则扣除0.5分,直至扣完为止	1.00	
		M	原始数据记录	原始数据记录不及时,或用其他纸张记录,则扣0.25分;不规范改正数据,或缺项,则扣0.25分	0.50	
		M	重大操作失误	如果存在重称(吸)、重测行为,每出现1次扣除2.0分		
		J	工作场所组织和管理		0.50	

续表

评分内容	评分项	评判类型	评分指标	指标分数描述	配分	得分
A2 实验操作	标准溶液标定 样品制备 含量测定 文明操作			工作场所混乱。所使用的试剂、量具、器皿留在上次操作现场	□ 0	
				工作场所保持整齐有序。试剂、量具、器皿使用后放回原处，但无固定地点要求的试剂、量具、器皿是自行随意摆放的	□ 0.2	
				工作场所状况良好。试剂、量具、器皿始终在适当的位置	□ 0.4	
				工作场所状况良好。试剂、量具、器皿始终在适当的位置。使用了有效组织工作场所的其他方法	□ 0.5	

评判类型：M= 测量，J= 评判

A1 ~ A2 项得分：_____   现场裁判签名：_____

2. 结果性考核评分表

编号及名称	评分项	评判类型	评分指标	指标分数描述	配分	得分
A3 结果报告	数据处理 撰写报告	M	计算	如果未进行滴定管体积校正、温度校正，或计算过程及结果不正确，则扣除该项的所有分数	1.00	
		M	有效数字保留与修约	如果有效数字保留或修约不正确，则扣除所有分数	0.50	
		M	乙二胺四乙酸二钠标准溶液浓度标定结果：精密度	相对极差≤0.10%，得满分	2.50	
				0.10% ＜相对极差≤0.20%，得 2.0 分		
				0.20% ＜相对极差≤0.30%，得 1.5 分		
				0.30% ＜相对极差≤0.40%，得 1.0 分		
				0.40% ＜相对极差≤0.50%，得 0.5 分		
				相对极差＞0.50%，或未平行标定 3 次，不得分		

续表

编号及名称	评分项	评判类型	评分指标	指标分数描述	配分	得分
A3 结果报告	数据处理撰写报告	M	乙二胺四乙酸二钠标准溶液浓度标定结果：准确度	｜相对误差｜≤0.10%，得满分	4.00	
				0.10%＜｜相对误差｜≤0.20%，得3.0分		
				0.20%＜｜相对误差｜≤0.30%，得2.0分		
				0.30%＜｜相对误差｜≤0.40%，得1.0分		
				0.40%＜｜相对误差｜≤0.50%，得0.5分		
				｜相对误差｜＞0.50%，或未平行标定3次，或精密度未得分，均不得分		
		M	样品浓度测定结果：精密度	相对极差≤0.10%，得满分	2.50	
				0.10%＜相对极差≤0.20%，得2.0分		
				0.20%＜相对极差≤0.30%，得1.5分		
				0.30%＜相对极差≤0.40%，得1.0分		
				0.40%＜相对极差≤0.50%，得0.5分		
				相对极差＞0.50%，或未平行测定3次，不得分		
		M	样品浓度测定结果：准确度	｜相对误差｜≤0.10%，得满分	4.00	
				0.10%＜｜相对误差｜≤0.20%，得3.0分		
				0.20%＜｜相对误差｜≤0.30%，得2.0分		
				0.30%＜｜相对误差｜≤0.40%，得1.0分		
				0.40%＜｜相对误差｜≤0.50%，得0.5分		
				｜相对误差｜＞0.50%，或未平行标定3次，或精密度未得分，均不得分		

续表

编号及名称	评分项	评判类型	评分指标	指标分数描述	配分	得分
A3结果报告	数据处理撰写报告	J	报告编制		2.00	
				报告没有条理，数据不完整	□ 0	
				报告数据完整，有条理，工作描述不清晰	□ 0.5	
				报告数据完整，有条理，工作描述清晰	□ 1.0	
				报告数据完整，有条理，工作描述清晰，包含科学解释或新发现	□ 2.0	

A1～A2项得分：_____ A3项得分：_____ 总得分：_____
评分裁判签字：_____ 复核裁判签字：_____
项目裁判长签字：_____ 赛项裁判长签字：_____ ___年__月__日

参考文献

[1] 胡伟光,张文英. 定量化学分析实验. 4版. 北京:化学工业出版社,2020.
[2] 蔡自由,董会钰,陈凯,等. 分析化学. 北京:高等教育出版社,2021.
[3] 国家药典委员会.《中国药典》(2020年版). [M]. 北京:中国医药科学出版社,2020.
[4] 黄一石. 化验员必读. 北京:化学工业出版社,2020.
[5] GB/T 601—2016. 化学试剂 标准滴定溶液的制备.
[6] 钟彤. 分析化学. 2版. 大连:大连理工大学出版社,2010.
[7] 武汉大学. 分析化学. 上册. 6版. 北京:高等教育出版社,2016.
[8] 彭崇慧,冯建章,张锡瑜. 分析化学. 定量化学分析简明教程. 4版. 北京:北京大学出版社,2020.
[9] 尚华. 化学分析技术. 北京:化学工业出版社,2021.
[10] 李克安. 分析化学教程. 北京:北京大学出版社,2005.
[11] 陈海燕,栾崇林,陈燕舞. 化学分析. 北京:化学工业出版社,2019.
[12] 蔡自由,钟国清. 基础化学实训教程. 2版. 北京:科学出版社,2016.
[13] 黄承志. 基础分析化学. 北京:科学出版社,2016.
[14] 乔仙蓉. 化学分析技术. 2版. 北京:冶金工业出版社,2022.
[15] 王桂芝,王淑华. 化学分析检验技术. 北京:化学工业出版社,2015.